作者序

　　程式設計已是當下教育部全國總動員要求各級學校往下紮根的重點課程，而且程式設計能力已是一個國家科技發展的重要指標。程式語言的學習有很多工具，包括傳統的 C、C++、C# 等，但由於語法艱澀難懂，學生往往未能理解，造成學習成效不佳。因此，有了 NI LabVIEW 圖控式程式語法存在的價值。LabVIEW 程式語言是由美商 National Instruments(NI) 開發，以圖形化介面淺顯易學著稱，尤其在人機介面的設計上更是程式設計者最終的選擇。

　　雲端和物聯網 (IoT) 的時代已來臨，產業也吹起了雲端風。美商 NI 公司也趁勢在 2017 年推出新一代的開發軟體 LabVIEW NXG，讓使用者可以透過 LabVIEW NXG Web Module 輕鬆的建立遠端即時監測數據的網頁，如此可省略傳統網頁設計的程序。由於長年指導學生專題製作的經驗累積，瞭解學生在設計智慧型控制的程式撰寫時指令類型的需求。因此，在指令章節的設計上是以未來能和 NI DAQ 資料擷取做結合為主。而且為了提升程式設計的學習成效，已拍攝程式設計教學影片並且融入 PPT 教學檔。

　　美商 NI 公司每年都會將 LabVIEW 程式進行改版，但大多數學校不可能有經費逐年購買新版本，而且用哪一個版本教學在學生學習的實務上並沒有影響。教學時，依章節順序引導學生瞭解 LabVIEW 的整體架構並教導學生如何找到需要的指令即可 (本次改版已介紹指令搜尋)。新版 LabVIEW 可收納在舊版本撰寫的 .VI 程式。因此，新舊版本的 LabVIEW.VI 程式都可以流通。

國立高雄科技大學　電訊工程系　陳瓊興　博士　謹識

2021.08.28

編輯部序

　　「系統編輯」是我們的編輯方針，我們所提供給您的，絕不只是一本書，而是關於這門學問的所有知識，它們由淺入深，循序漸進。

　　LabVIEW 是在 1986 年所發展的一種繪圖程式語言，在程式撰寫及設計上，都是以圖形方式來完成。

　　本書以淺顯易懂及詼諧的口吻，描述 LabVIEW 圖形化程式設計的工作環境及指令功能，來奠定讀者程式撰寫之基礎；其中的指令章節為銜接 NI DAQ 資料擷取等進階功能，而節錄相關重要指令。本書最後 3 章介紹 NI 網路資料傳輸（DataSocket）、Google Maps 介紹、LabVIEW NXG 的使用。

　　本書精心設計之範例，例如：四則運算、陣列大小等，讓讀者可輕鬆學會 LabVIEW 軟體，加強程式實務設計能力，培養多樣化的思考面向。大量的程式範例，循序漸進加以解說每個程式內容與觀念，讓讀者發現程式設計樂趣。章末附有自我挑戰題，例如：上下限顯示、溫度過高預警等，讓讀者更深入學習，自行創造出獨特的設計方法及技巧，讓讀者學習事半功倍。

　　本書適用於大學、科大電子、電機、電訊系「LabVIEW 程式設計」、「圖控程式設計」等課程。

　　同時為了使您能有系統且循序漸進研習相關方面的叢書，我們以流程圖方式，列出各有關圖書的閱讀順序，以減少您研習此門學問的摸索時間，並能對這門學問有完整的知識。若您在這方面有任何問題，歡迎來函連繫，我們將竭誠為您服務。

LabVIEW 程式設計
(含 LabVIEW NXG 軟體操作)

陳瓊興　編著

全華圖書股份有限公司

相關叢書介紹

書號：06130017
書名：人機介面觸控技術實務－士林電
　　　機系列(第二版)(附應用軟體、影
　　　音教學光碟)
編著：石文傑.白皓天.林家名
16K/456 頁/540 元

書號：06343017
書名：簡易人機介面(HMI)應用輕鬆設備
　　　聯網(第二版) (附軟體及部份內容
　　　光碟)
編著：石文傑.林均翰.研華股份有限公司
16K/512 頁/650 元

書號：06361007
書名：快速建立物聯網架構與智慧資料
　　　擷取應用(附範例光碟)
編著：蔡明忠.林均翰.研華股份有限公司
16K/320 頁/520 元

書號：06329016
書名：物聯網技術理論與實作(第二
　　　版)(附實驗學習手冊)
編著：鄭福炯
16K/416 頁/540 元

書號：10471
書名：訊號與系統概論－LabVIEW
　　　& Biosignal Analysis
編著：李柏明.張家齊.林筱涵.蕭子健
20K/472 頁/500 元

書號：10468
書名：生醫訊號系統實作：LabVIEW
　　　& Biomedical System
編著：張家齊.蕭子健
20K/224 頁/300 元

書號：06413007
書名：嵌入式系統－myRIO
　　　程式設計(附範例光碟)
編著：陳瓊興.楊家穎
16K/312 頁/470 元

◎上列書價若有變動，請以
　最新定價為準。

流程圖

書號：0301303
書名：自動控制(第四版)
編著：劉柄麟.蔡春益

書號：06323037
書名：LabVIEW 與感測電路應用
　　　(第四版)(附多媒體、範例光
　　　碟)
編著：陳瓊興

書號：06366007
書名：KNRm 智慧機器人控制
　　　實驗(C 語言)(附範例光
　　　碟)
編著：宋開泰

書號：03754067
書名：自動控制(第七版)
　　　(附部分內容光碟)
編著：蔡瑞昌.陳 維.林忠火

書號：06444017
書名：LabVIEW 程式設計(含
　　　LabVIEW NXG 軟體操作)
　　　(第二版)(附多媒體光碟)
編著：陳瓊興

書號：06445007
書名：感測器應用實務(使用
　　　LabVIEW)(附範例光碟)
編著：陳瓊興.歐陽逸

書號：0526304
書名：數位邏輯設計
　　　(第五版)
編著：黃慶璋

書號：0295902
書名：感測器應用與線路分析
　　　(第三版)
編著：盧明智

書號：06413007
書名：嵌入式系統－myRIO
　　　程式設計(附範例光碟)
編著：陳瓊興.楊家穎

Use of **POWERED BY LABVIEW LOGO**
CONSENT AGREEMENT

THIS "Consent Agreement" is made on May 7, 2019, between National Instruments Corporation ("NI") with its principal place of business at 11500 N. Mopac Expwy, Austin, Texas 78759 and National Kaohsiung University of Science and Technology with its principal place of business at No. 142,Haizhuan Rd. Nanzi District,Kaohsiung City, Taiwan 811.

National Kaohsiung University of Science and Technology would like to make use of National Instruments Powered by LabVIEW Logo that is the Intellectual Property and/or proprietary, copyrighted material of National Instruments. National Instruments consents to allow limited use of the LOGOS subject to the terms and conditions below and the National Instruments Corporate Logo Use Guidelines ("GUIDELINES") incorporated herein by reference.

Terms and Conditions

1. National Instruments grants to National Kaohsiung University of Science and Technology the nonexclusive right to use the Powered by LabVIEW logo in their textbook for the publishing of NI LabVIEW and NI myRIO related interfaces. The Powered by LabVIEW LOGO will only be used in the specific manner described above and as defined in the LOGO GUIDELINES.

2. NI will be cited as the source of the material in every use. For oral presentations, this citation may be verbal. For all printed materials that include a direct copy of images, diagrams, or text, the citation shall include "©2017 National Instruments Corporation. All Rights Reserved" next to the direct copy. For printed materials where the ideas are incorporated into text, a citation of NI as the source of the ideas or concepts shall be included in a *notes or bibliography* section.

3. Where a Logo or Icon is used as an indication of the NI brand, the additional copyright text next to the Logo is not needed. Where other images are used to illustrate an article, publication, or event, they must be identified somewhere in the text (bibliography, footnotes, foreword) or on the website (in the Privacy and Use policy of the website and/or in a note at the bottom of the page on which they are displayed) as the protected property of NI with the words "Designs and images representing NI ideas and concepts are the sole property of National Instruments Corporation."

4. If a logo or icon is being provided, then a copy of the GUIDELINES must accompany this Consent Agreement. Signing this form is an affirmation that the GUIDELINES have been read, understood, and will be followed.

5. All right, title, and interest in the LOGO or ICON, including the intellectual property embodied therein, is and shall remain the sole property of NI.

6. This Agreement exists only for the specific use for which permission to use the LOGO is granted, and the terms of this agreement are not transferable to other uses. NI may terminate this Consent Agreement with 30 days written notice or immediately upon any breach or violation of the terms of this Consent Agreement or the GUIDELINES. Upon the expiration or termination, National Kaohsiung University of Science and Technology shall, to the best of its ability, insure the destruction and/or deletion of all physical and electronic copies stored or archived on any disc or hard drive. National Kaohsiung University of Science and Technology shall provide a letter affirming such destruction and/or deletion upon request from NI.

National Instruments   **National Kaohsiung University of Science and Technology**

Signature *Chiung Hsing Che*

Printed Name: Shelley Gretlein   Printed Name: Chiung-Hsing Chen

Title: Vice President Corporate Marketing   Title: Professor

Date: May 7, 2019   Date 2019. 5. 10

National Instruments Corporation, 11500 N. Mopac Expwy., Austin, TX 78759 USA/ Telephone: (512) 683-0100

目錄 *Contents*

LabVIEW 是什麼？

LabVIEW 是一種圖形化程式介面的發展環境。此圖形化程式介面相較於文字指令型態的程式撰寫方式，在工程師或科學家的程式撰寫經驗中是一種更具直覺的程式設計方式。直覺式的圖形化程式設計圖示讓使用者很快且輕易地上手。使用者可以透過交互式面板、對話框、選單以及數百種虛擬儀表 (Virtual Instruments，簡稱為 VI) 來達成所有的功能，也可以將這些 VIs 置於圖框中來定義使用者想要執行的動作。上述這些動作只需利用點選滑鼠便可完成。如此，可有效的減少程式從初始設定到最後執行所需的時間。

LabVIEW 擁有操作便利的特質，但並不表示使用 LabVIEW 需要犧牲其功能性或強大的能力。LabVIEW 提供了使用者發展測試、量測、控制以及自動化系統時完整的功能性，這包含了資料結構、流向控制、迴圈架構與事件管理等一般程式語言功能。因此，LabVIEW 的優勢在於：能夠利用直覺式的架構式介面取代難以理解的程式碼，以降低使用與學習過程的複雜度。

舉例來說，以 LabVIEW 在記憶體管理部分的成功範例來描述與驗證 LabVIEW 如何降低程式設計的複雜度。LabVIEW 會自動地完成所有記憶體的管理並確保它們被有效地且安全的使用。即使在程式方塊圖上各項資料類型的操作使用上相當 "直覺"，使用者仍然能夠進行字串及陣列的運算，絲毫不需要擔心記憶體分配的細節，更不會發生資料遺失或覆蓋的致命錯誤。

另一個例子是事件處理。在 LabVIEW 環境中，使用者可以把應用程式中所需回應的事件整理列表，然後根據程式執行過程，安排進行事件致能或者禁能的要求來提升程式執行的效率。這透過圖形架構和互動式架構對話框的方式，能幫助使用者迅速的選擇使用者想要程式處理的物件或事件。

　　傳統的程式語言需要大量的程式設計技巧才能建立平行執行的程序，這是使程式效率達到最大的常用方法之一。使用平行方案往往需要在函式庫呼叫作業系統函數、資源管理、記憶體保護及鎖定機制之間取得複雜的平衡關係。LabVIEW 使這類高級程式設計技巧變得非常容易。

　　LabVIEW 中的資料流程 (data flow) 提供一個比常見的文字式語言所使用的流程控制更加豐富的運算模式。它本身即具平行運算能力，使用者只需要繪製兩個或多個迴圈，即可輕易地達成平行運算的目的。每一個迴圈會自動地平行執行，只要沒有資料相關性便可以各自保持獨立。即使是新手使用者也能輕易地設計平行應用程式。除此之外，LabVIEW 可以自動並透明地將欲處理的作業分散在多個處理器之間，有效率地運用所有可用的資源，也可以調整欲處理的作業要使用哪個處理器來進行作業。

　　LabVIEW 2015 還透過軟體設計方式縮短學習時間，有助於迅速建置強大、靈活又穩定的系統。除了大幅提升支援效能之外，更同時根據使用者的意見整合多項功能，讓程式設計作業更輕鬆。

　　NI 根據使用者意見而建構新功能、簡化高複雜度程式、強化時序與同步化功能，可達到更高效率的應用；不論是初階或高階使用者均可協助提升產能。LabVIEW 2015 版提供了更快的速度、開發捷徑和除錯工具，幫助開發人員有效操作自己所建置的系統。LabVIEW 可在不同系統間重複使用程式碼來藉此節省時間與成本。

　　LabVIEW 程式語言也被稱為 G 語言，是一種資料流程式語言。程式設計師通過繪製導線連結不同功能的節點和圖形化的程式框圖結構決定程式如何執行。這些導線傳遞變數，所有的輸入資料都準備好之後節點便馬上執行。G 語言天生地具有並列執行能力。內建的排程演算法自動使用多個處理器和多執行緒來執行系統。

LabVIEW 的特色

當為了量測和自動化應用需求發展適用的軟體時，通常會在不同種類的開發軟體間進行選擇。目前常用的程式語言，包括 C、C++ 及 Visual Basic 等，這些程式語言通常是以文字指令為基礎 (text-based) 的軟體，且這些傳統的程式工具能夠充分發揮其功能及優勢。但也因為這類程式語言的使用者須具備熟悉該程式的語法規則及其發展特性的經驗與知識，因此，即使這些工具的應用相當彈性，但也意味著使用者必須接受一些深度內容的訓練。

另一種是以設定為基礎 (configuration-based) 的軟體，專門用來克服撰寫傳統程式語言時會遭遇的困難：此類軟體可以提供快速的方法，在最短的時間內設計出可自動化操作的測試及量測系統。一般而言，這些以對話框 (dialog-based) 為基礎的互動式應用介面提供了較便利的程式撰寫過程，但也導致功能性受限，且其提供客製化以及擴展化方面選擇的機會也極低。

如何在上述兩種軟體開發工具間進行應用程式撰寫與實現，則必須視實際情況而定。當嘗試使用架構式為基礎的軟體來快速達成任務的同時，很快就會因軟體本身的限制而遭遇瓶頸。若使用傳統的程式語言，則會發現即便是最簡單的任務，也會因為入門的困難度高而遭遇到使用指令障礙的窘境。

　　NI 的 LabVIEW 填補了這兩種開發工具的鴻溝，並且提供一個直覺式的圖形研發環境，徹底地推翻了軟體工具無法兼具功能強大及操作容易的說法。不論是何種工業、專業領域或程式設計經驗的應用範疇中，LabVIEW 都是一個輔助使用者實現測試、量測、自動化以及控制等應用的最佳工具，只要將 NI 的硬體連結到電腦上並撰寫程式就能快速地完成一個簡單的訊號接收與傳送。不論是科學家、工程師或是技術員，LabVIEW 將根據使用者的設計專長提供適當的操作介面，使其能快速的建構系統，有效的幫助使用者驗證產品設計、自動化應用與控制流程的可行性，並且可以交叉應用 LabVIEW 的各種功能同時即刻瀏覽結果。

　　同樣地，因為 LabVIEW 建構在一個發展完整的程式語言上，其強大的程式編輯元件與程式架構，促使在各方面的應用範疇均佔有絕對的優勢，可滿足使用者的各項特定要求。當設計好一套系統後，能夠將程式與 data dashboard 結合，再透過網路和手持裝置來查看及控制系統的資訊。

LabVIEW 的安裝

3-1　LabVIEW 試用版的下載與安裝

STEP 1　首先，先連上 NI 的官方網站 (http://www.ni.com)，如圖 3-1(a)。滑鼠滑到網頁
上方的 "support"，接著點選 "LabVIEW" 的選項，如圖 3-1(b) 所示。(如有
本書光碟，可從光碟內安裝試用版，即可跳至本書「3-2　LabVIEW 正式版的
安裝」繼續。)

(a)

圖 3-1

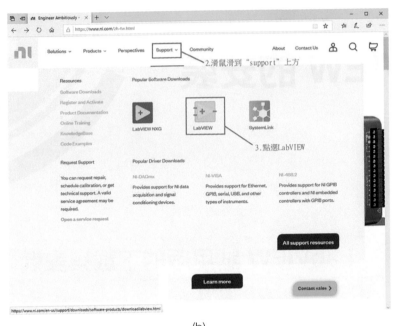

(b)

圖 3-1（續）

STEP 2 之後請選擇適合電腦作業系統和硬體的 LabVIEW 版本，如圖 3-2 所示。

圖 3-2

STEP 3 未登入帳號時點選下載後，網頁將會跳至帳號登入的頁面，如有 NI 官方帳號可以直接登入下載，如圖 3-3 所示。未有 NI 官方帳號的使用者可以點選下方建立帳號後再下載，如圖 3-4 所示。

圖 3-3

圖 3-4

STEP ④ 登入帳號後，即可進入 LabVIEW 2020(或是別的版本) 的下載頁面。進入下載頁面後再點選下載，如圖 3-5 所示。

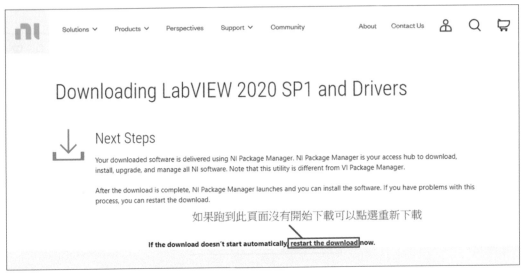

圖 3-5

STEP ⑤ 下載完成後，到下載路徑執行檔案開始安裝 LabVIEW2020，如圖 3-6 所示。

圖 3-6

因試用版安裝與正式版安裝大同小異，下一節將僅介紹正式版的安裝步驟。

3-2　LabVIEW 正式版的安裝

STEP ① 每一種應用軟體都一定要安裝才能使用，LabVIEW 當然也不例外。首先，將書本附帶的光碟片放置光碟機中讀取 NI LabVIEW Core Software(或圖 3-6 開啟後)。之後頁面會跳出 NI Package Manager(NI 軟體下載器) 的起始授權安裝畫面。點選 I accept to above 2 License Agreement(內容請仔細閱讀)，再點選 "Next" (使用者的電腦中已經有 NI Package Manager 可跳到 STEP3)，如圖 3-7 所示。

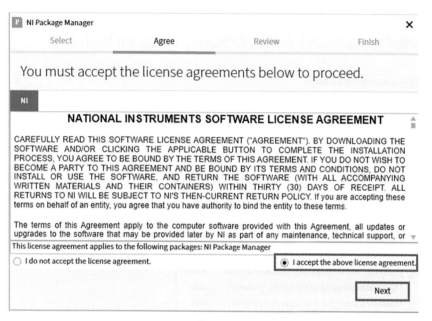

圖 3-7

STEP 2 完成圖 3-7 的動作後，會出現下一個視窗。點選 "Next" 進行下一步，如圖 3-8 所示。

圖 3-8

STEP 3 完成圖 3-8 的動作後，安裝完後會自動開啟 NI Package Manager，並可自行勾選額外想安裝的項目，再點選 "Next" ，如圖 3-9 所示。

圖 3-9

STEP 4 完成圖 3-9 的動作後，會出現下一個視窗可勾選額外想安裝的驅動，再點選 "Next" 進行下一步，如圖 3-10 所示。

圖 3-10

STEP 5 接下來會出現授權視窗，點選 I accept to above 2 License Agreement(內容請仔
細閱讀)，再點選 "Next" 即可下一步，如圖 3-11 所示。

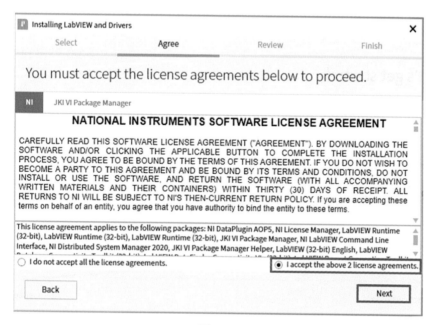

圖 3-11

STEP 6 然後便會出現兩個安裝檢視視窗，會列出準備安裝的產品及驅動 (安裝內容請
仔細閱讀)，再點選 Next 即可開始安裝，如圖 3-12 所示。

圖 3-12

STEP 7 完成安裝的動作後，可以點選 "Log in to Activate"（啟動正版 LabVIEW），如
圖 3-13 所示。

圖 3-13

STEP 8 首先，會跳出 NI 使用者帳號登入畫面，先進行帳號的登入，如圖 3-14 所示。

圖 3-14

STEP 9 完成登入後就可以選擇 LabVIEW 正版的啟動方式 (自行依照讀者購買的序號
類型進行輸入)，如圖 3-15 所示。

圖 3-15

STEP 10 完成圖 3-15 的序號輸入後，會出現圖 3-16 的產品啟動成功頁面，確認視窗無
誤後點選 "Finish" 完成安裝。

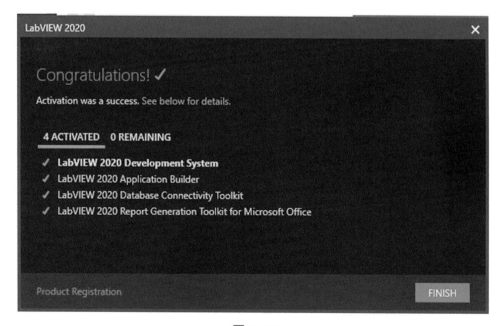

圖 3-16

3-3 創立捷徑和執行畫面

STEP 1 透過 Windows 視窗工作列上的搜尋，打上 Lab 就會跑出和 Lab 相關的程式，再來對 LabVIEW 的圖示點選右鍵釘選於工作列或開始功能表，如圖 3-17 所示。

圖 3-17

STEP 2 完成圖 3-17 的動作後，按滑鼠左鍵點選 LabVIEW 的圖示即可執行程式。點選後會出現視窗，如圖 3-18 所示。接下來點選 "Create Project"（或是按住鍵盤的 Ctrl+N 來快速建立新專案）。

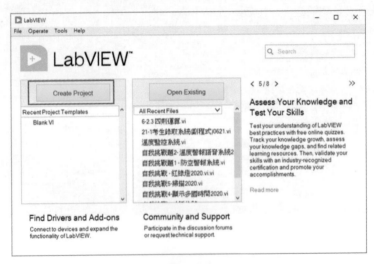

圖 3-18

STEP 3 完成圖 3-18 的動作後，會出現如圖 3-19 的畫面，這個視窗可以自行選擇要建立何種專案，這裡選擇 "Blank VI"，再點選 "Finish"。

圖 3-19

STEP 4 完成圖 3-19 的動作後，會出現如圖 3-20 的畫面。接下來為了方便操作請點選 "Window" 下拉式選單中的 "Tile Left and Right" 或是按住 Ctrl+T。

圖 3-20

STEP 5 完成圖 3-20 的動作後，會出現如圖 3-21 的畫面。上圖的步驟是為了讓兩個視窗平均展開在螢幕上。如圖 3-21 左側的視窗為人機介面，右側的視窗為圖形程式區。

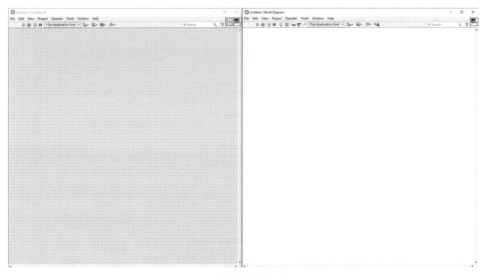

圖 3-21

完成圖 3-21 的動作後，就可以針對自己想設計的方案著手進行設計。

LabVIEW
工作環境

4-1　人機介面

　　人機介面是使用者與程式互動的視窗。就好像做實驗時常用的示波器上的面板功能一樣，面板提供許多的旋鈕與按鍵供使用者設定及操作，藉此可使示波器上的圖形顯示更具可讀性。LabVIEW 中的人機介面也是如此，除了可以在人機介面上放置圖表及開關外也提供許多不同的圖示，如圖 4-1 所示。

　　可以在人機介面上按滑鼠右鍵，即會跳出一個 Controls 控制面板，如圖 4-2 所示。此面板提供使用者呼叫並使用在人機介面上的所有控制元件 (如開關) 及顯示元件 (如溫度計)。使用者可以將取出的元件放置在人機介面上，一旦元件放置在人機介面上時便可以使用工具面板上的工具輕鬆的調整元件大小、位置、顏色及其它屬性。在後面章節會有工具面板的詳細介紹。

圖 4-1

圖 4-2

4-2　圖形程式區

　　如果人機介面是對比於示波器的面板，那圖形程式區就是示波器內部的電路系統。圖形程式區中有 LabVIEW 的原始程式碼及所有的函數，設計者可以在圖形程式區中使用適當的函數撰寫出符合需求的程式，其做法就像在畫流程圖般簡單，如圖 4-3 所示。另外，圖形程式區中的函數不會顯示在人機介面上，人機介面只放置控制元件 (輸入) 及顯示元件 (輸出)。

　　在人機介面上放置一個元件時，同時也會在圖形程式區上顯示該元件及其屬性 (控制元件或顯示元件)。可以在圖形程式區上按滑鼠右鍵，即會跳出一個函數面板，此面板提供 LabVIEW 中所有的函數供使用者使用，如圖 4-4 所示。

圖 4-3

圖 4-4

　　若想將人機介面與圖形程式區這兩個視窗並列顯示在電腦螢幕上的話，可以在
"Window" 下拉式選單點選 "Tile Left and Right" 或直接按 Ctrl+T，即可使人機介面與
圖形程式區能同時顯示在螢幕上，如圖 4-5 所示。

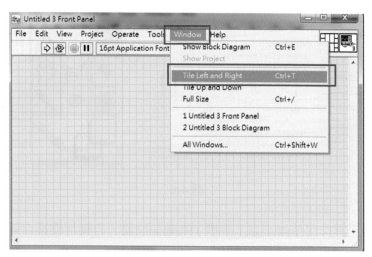

圖 4-5

4-3　工具面板

　　工具面板 (Tools Palette) 可出現在人機介面或圖形程式區中。不像控制面板與函數面板只能分別出現在人機介面與圖形程式區上。可以使用 LabVIEW 中的工具面板編輯人機介面上的元件與連接圖形程式區上的函數。若工具面板沒有出現，可以在 "View" 的下拉式選單中點選 "Tools Palette"，即可呼叫出工具面板 (Tools)，如圖 4-6 所示。

圖 4-6

自動選項工具：可依據滑鼠 (游標) 所處在位置，自動地變換合適的工具。

操作工具：可以讓使用者改變人機介面上的控制元件或顯示元件的數值；也可利用它來操作按鈕、開關或是其它的物件。

定位工具：用來選取、移動與縮放人機介面上的物件尺寸。

標籤工具：可讓使用者建立或編輯物件上的文字標籤。

接線工具：在圖形程式區中可將兩個物件或函數用線連接起來。

彈出工具：使用此工具在物件上按滑鼠右鍵時可以打開物件的彈出式選單。

捲軸工具：可讓使用者在可用的視窗上面進行移動捲軸的動作。

斷點工具：在 VI 程式方塊圖上設定斷點可以協助使用者在程式上除錯。可以使得程式暫時中斷，讓使用者知道發生了什麼事，並在需要的時候改變數值。

探針工具：可在接線上建立探針，讓使用者在 VI 執行時可以看到經過此接線上的資料。

取色工具：可以從現有的物件上取出顏色，再使用著色工具將顏色貼到另一個物件上。

著色工具：選擇色彩的亮度來為物件與背景顏色著色；也可以選用工具面板內的適當顏色區域，同時設定前景與背景的顏色。倘若在物件上方使用彈出式的著色工具，可以直接選取色彩選用板上的顏色。

4-4　工具列

工具列 (Tool Bar) 分別位於人機介面視窗與圖形程式區視窗的上方，如圖 4-7 與圖 4-8 所示。工具列提供使用者控制程式的執行與否、元件分布及設定元件上文字的大小、顏色、字體等。

圖 4-7　人機介面視窗的工具列

圖 4-8　圖形程式區視窗的工具列

人機介面與圖行程式區工具列介紹

- **執行鍵**：執行鍵的樣子就像是一個箭頭，按下它之後，VI 便會開始執行；在執行 VI 的時候，箭頭的外觀會改變，成為執行中的執行鍵；當 VI 內容發生錯誤而無法編譯時，執行鍵會變成一支斷裂的箭頭。

- 執行中的執行鍵。

- 不可執行的執行鍵。

- **重複執行鍵**：連續執行鍵會讓 VI 不斷地執行，直到按下強制退出鍵才會停止。它跟 GOTO 的陳述很類似；但在結構化程式中，這不是一種很好的程式撰寫方式，所以使用時要很小心。

- 執行中的重複執行鍵。

- **強制退出鍵**：當 VI 執行時，按下它即可終止 VI 的執行。

- **暫停鍵**：按下暫停鍵時可以使 VI 暫停，藉以進行除錯的功能。

- |16pt Application Font|▼|**字體選項表單**：可以在工具列的字型選項中，改變字型大小、位置與 LabVIEW 文字的顏色。

Align Object 鍵：LabVIEW 提供自動的排列方法，可以協助將文字與圖示排列整齊。可以使用定位工具將所要選的物件框起來，然後到工具列上的排列表單 (Alignment Ring) 選取想要的排列方式 (包括頂端對齊、左邊對齊、垂直中線等)。倘若希望物件之間有固定的距離，請仿照上面所提的方式使用配置表單 (Distribution Ring)。倘若要在人機介面上重新安排各物件的大小比例，可使用物件尺寸重置 (Resize Objects)。

Distribute Objects 鍵：設定分配選擇，包含間隙、壓縮等。

Resize Object 鍵：設定人機介面上的物件大小 (長度及寬度)。

Recorder 鍵：在 Recorder 鍵中有眾多功能可以讓使用者在設計人機介面時用到。例如 Group / Ungroup 可以設置物件群組；Lock / Unlock 可以設置物件之功能；Move Forward / Move Backward / Move To Front / Move To Back 等選項，可以設定物件在螢幕顯示上的前後順序。

資料流向顯示鍵：資料流向顯示鍵可以顯示出程式方塊圖中資料的流向。當按下此鍵時，可以看到程式方塊圖執行中資料的流動方式，尚未執行的資料則不會顯示。

單步進入鍵：此鍵的功能除了可以在節點至節點之間以單步進入執行外，遇到 SubVI 與迴圈時，亦可單步進入方式執行內部程式。

單步跨越鍵：此鍵功能是以一步接一步的方式，執行 VI 各個節點至節點的單一步驟動作，凡被執行到的節點部分，均會以閃爍的方式來表示。不過在碰到 SubVI 或迴圈時，則此功能就無法以單步方式執行，只會以一次執行完畢 SubVI 的內部程式。

單步離開鍵：此鍵的功能是離開執行的過程，使程式直接跳到輸出程式節點的下一節點。

保存接線的資料：此鍵的功能是在執行流程的各個點中暫時儲存接線的值，配合探針的功能能快速的取得當下流入接線的值。

Clean_up Diagram 鍵：此鍵的功能可以自動整理、排列圖形程式區的物件位置及拉線。

4-5　下拉式選單

下拉式選單位於人機介面視窗與圖形程式區上的頂端，包含 LabVIEW 中多種的常用功能，下面為各種下拉式選單的說明。

<File> 選單

拉下 File 選單，會看到一般常用的命令，如 Open...、Save 與 Print Window... 相關的命令；也可從 File 選單中設定 VI 的屬性 (VI Properties)，如圖 4-9 所示。

<Edit> 選單

Edit 選單中有一些程式編輯過程中常用的命令，如 Undo、Redo、Cut、Copy、Paste 與 Show Search Results 等，可以方便編輯視窗。

也可以從 Edit 選單來去除錯誤的接線 (Remove Broken Wires) 與寫入圖片 (Import Picture to Clipboard...)，如圖 4-10 所示。

圖 4-9

圖 4-10

\<View\> 選單

可以從 View 選單來顯示一些視窗。像是錯誤的顯示、VI Hierarchy 等視窗,如圖 4-11 所示。

\<Project\> 選單

可以從 Project 選單來開啟新的專案或者是開啟歷史專案,如圖 4-12 所示。

圖 4-11

圖 4-12

\<Operate\> 選單

可以從 Operate 選單來執行或停止 VI 程式 (不過較常用的還是使用工具列的按鈕)。也可以設定改變 VI 的預設值、控制列印及記錄完整的型態、切換執行模式與編輯模式以及連結至遠端的人機介面等,如圖 4-13 所示。

圖 4-13

<Tools> 選單

可以在此選單中點選 Build Application (EXE) from VI... 建立 VI 的執行檔，如圖 4-14 所示。

圖 4-14

<Window> 選單

Window 選單，可以切換人機介面與圖形程式區視窗、可以同時看到兩個視窗以及在兩個 VIs 視窗間切換。此外，也可從此選單查看目前已載入並開啟的 VI 程式視窗，如圖 4-15 所示。

圖 4-15

<Help> 選單

可以顯示、隱藏、或是鎖住 Help 選單的輔助視窗；也可以進入 LabVIEW 的線上參考資訊、查詢所有 VI 及函數等說明文件、查詢範例程式、連上 NI 公司網頁下載相關資料，以及錯誤訊息之解說等，如圖 4-16 所示。

圖 4-16

其中在這下拉式選單中的 "Show Context Help" 更為重要。當不知道某元件或是某函數的用途或功能時，請到圖 4-16 所示的選單中點選 "Show Context Help" 來開啟說明視窗，將滑鼠指標移動到元件上點並點擊左鍵選取，說明視窗中的內容將會變更為該元件的說明，如圖 4-17 所示。要是想知道更詳細的資訊的話，請點選說明視窗中的 "Detailed help" 來開啟。

圖 4-17

4-6　鍵盤快捷鍵

檔案

Ctrl + N	新 VI 檔	Ctrl + S	存檔	Ctrl + Q	離開檔 LabVIEW
Ctrl + O	開檔	Ctrl + P	列印		
Ctrl + W	關檔	Ctrl + I	顯示 VI 屬性		

工具

Ctrl + Y　編輯 VI 歷史資料

視窗

Ctrl + E	人機介面與圖形程式區之間做切換	Ctrl + L	顯示錯誤列表
Ctrl + T	人機介面與圖形程式區之視窗排列	Ctrl + /	全螢顯示

編輯

Ctrl + V	貼上物件
Ctrl + Shift + F	顯示尋找結果
Ctrl + B	刪除壞線
Ctrl + C	複製物件
Ctrl + D	允許重繪製 (VI 層色架構使用)
Ctrl + F	尋找接點、區域變數、reference、屬性節點等
Ctrl + X	刪除物件
Ctrl + Z	回復上一個操作
Ctrl + Shift + Z	到下一個操作

操作

Ctrl + R	執行 VI	Ctrl + H	顯示輔助內容視窗
Ctrl + M	執行 / 編輯模式切換	Ctrl + ?	顯示輔助內容視窗與索引
Ctrl + -	暫停 VI	Ctrl + Shift + L	鎖定輔助視窗

字型

Ctrl + 0	顯示字型對話框
Ctrl + 1	更改 Application 之字型
Ctrl + 2	更改 System 之字型
Ctrl + 3	更改 Dialog 之字型
Ctrl + 4	更改 Current 之字型

4-7 浮動式面板與固定式面板

　　LabVIEW 有三種常用的面板：工具面板、控制面板及函數面板，其中人機介面中的控制面板與圖形程式區中的函數面板皆是以滑鼠右鍵呼叫出來。當控制面板或函數面板呼叫出來時，其面板的左上角皆有一個圖釘圖示，表示此面板是浮動面板，如圖 4-18 所示。當使用者跳出視窗後，浮動面板將會消失，若想將浮動式的面板轉成固定式的面板的話，可以將滑鼠移至浮動面板的左上角之圖釘上按左鍵，即可將浮動式面板轉成固定式面板，如圖 4-19 所示。這對經常使用某個視窗時特別有幫助，可以節省重複找尋同性質元件或函數的時間。當不再使用時可將它關閉，免得找不到其它同性質的元件或函數。

圖 4-18

圖 4-19

4-8　前置面板的面板設定

可以在 Tools 選單中，點選 Options... 即可改變人機介面的面板，如圖 4-20 所示；在 Front Panel 項目中最下方的 "Alignment grid draw style" 選單裡，可以選擇點式 (Dots)、線式 (Lines) 或圖表紙式 (Graph Paper)，如圖 4-21 所示，或是直接把 "Show front panel grid" 的勾選取消，那麼面板上的點或線就會消失，如圖 4-22 所示。

圖 4-20

圖 4-21

(a) 點式 (Dots)

(b) 線式 (Lines)

(c) 圖表紙式 (Graph Paper)

(d) 取消面板上的規線

圖 4-22

4-9 元件說明視窗

可以在 Help 選單，點選 "Show Context Help" 即可顯示元件說明視窗或是按下 Ctrl+H 開啟，如圖 4-23 所示。點選元件後會出現元件說明視窗，如圖 4-23 左下視窗所示，可以透過英文的解說來知道元件的作用。

圖 4-23

五大元件介紹

LabVIEW 是一種 data flow 資料流的程式設計，就好比電路設計有訊號源 (DAQ 資料)、邏輯閘和電晶體 (布林)、電阻 (數值或浮點數值)、纜線 (叢集)、電容和電感 (陣列)、LCM(字串)。而兩者最大的不同是在於一個是訊號另一個是資料。當然提到程式設計一定少不了資料型態，在 LabVIEW 中有整數數值、浮點數值、布林、字串、陣列、叢集等，但在面臨不同專案時就要學會融會貫通才能設計出良好的專案。

5-1 元件圖示

由左至右分別是數值 (Numeric)、布林 (Boolean)、字串 (String)、路徑 (Path)、陣列 (Array)、叢集 (Cluster)，它們在人機介面中的元件圖示如圖 5-1(a) 所示。在一般情況下前四個元件為固定顏色，如圖 5-1(b) 所示。但是數值 (Numeric) 在不同的資料形態下將會以藍色來表示 (當數值為浮點數時會以橘色來表示，正整數時以藍色來表示)。而陣列和叢集會有所不同，要視其輸入端資料型態或放入框內的元件為哪種資料型態而定 (未給予資料型態定義時為黑色)，如圖 5-1(b) 所示。在後面的章節中將會為這些元件做詳細的介紹。

(a) 人機介面 - 元件

(b) 圖形程式區 - 元件與顏色

圖 5-1

5-2　元件連結

　　元件與元件之間的資料傳輸是靠一條或多條線來作連結。連結後，資料才能在元件中傳遞。在這裡以數值元件來舉例。首先，在人機介面上按滑鼠右鍵，在跳出的 Controls 控制面板上進入「Modern → Numeric」中取得數值控制及顯示元件，如圖 5-2 與圖 5-3 所示。

圖 5-2

圖 5-3

接著，在圖形程式區中會看到 2 個元件，如圖 5-3 所示，分別對應著剛才所建立的 "數值控制" 與 "數值顯示" 元件。將滑鼠移動至其中一個元件上，會看到它們的連結點，如圖 5-4 所示。

圖 5-4

再來，在 "數值控制" 元件上的連結點按滑鼠左鍵，再將滑鼠向右移動，會看到從 "數值控制" 元件上會拉出一條引線 (虛線代表未連結)，如圖 5-5 所示。

圖 5-5

將 "數值控制" 元件的引線與 "數值顯示" 元件上的接點做連結 (實線代表已連結)，如圖 5-6(a) 所示。當引線連結後，也能在引線上任何一點拉出另一條引線來與另一個顯示元件連結，如圖 5-6(b) 所示。

(a)　　　　　　　　　　　　　　(b)

圖 5-6

連結後，就能將數值打在 "數值控制" 元件上並且將資料傳送至 "數值顯示" 元件中顯示出來，如圖 5-7 所示。

圖 5-7

元件與元件連結時，還會發生一種狀況，如圖 5-8 所示。因為布林元件無法判讀數值控制元件所傳送的值，所以會造成整條連結線錯誤並讓程式無法執行。

圖 5-8

在 LabVIEW 的圖形程式區中有分類為 Control(控制元件)、Indicator(顯示元件)。Control 只能連結在符合的 Indicator 或 Function(函數) 的輸入端上且資料型態也要符合。Indicator 則要接在 Function(函數) 的輸出端上而且資料型態也要符合，才能使程式正常運作。如圖 5-8 所示，要是連結著不符合的資料型態元件的話將會無法執行。

　　圖 5-9 為不同資料型態的引線。在這裡以數值 (浮點數或整數) 來當作範例說明。在一般情況下元件連結都是以 "普通資料" 的形式來傳遞資料，如圖 5-9 為單一的細線 (左側)。但是經由某些程式的運算後，資料將會以 "一維陣列" 的方式來傳遞，此時元件之間傳遞的引線將會以單一的粗線 (中間) 來連結。相對的有 "一維陣列" 就有 "二維陣列 (右側)"。而 "二維陣列" 的引線又跟 "一維陣列" 有所不同，是以空心線來傳遞資料。不同的資料型態引線在不同情況下所表示的樣子都不一樣，所以請在後面的章節中撰寫程式時需仔細觀察它們的不同。在後面的某章節中會講解如何讓不同的資料型態連結。

浮點數	————	————	═══════
整數	————	————	═══════
布林	··········	∿∿∿∿∿	∞∞∞∞∞∞∞
字串	∿∿∿∿∿	⋈⋈⋈⋈⋈⋈	⋈⋈⋈⋈⋈⋈
叢集	普通資料	1D Array 陣列資料	2D Array 陣列資料

圖 5-9　圖形程式區 - 引線 (連結線)
(由左到右：普通資料 >1D 陣列資料 >2D 陣列資料)

　　現在瞭解了資料型態與如何將元件連結，請接續著第 6 章努力吧。

數值

數值的應用無所不在，身高、體重、年齡、IQ 指數、EQ 指數、分數、學分等，沒有一個不是用數值來呈現的。但大部分對數值的第一印象就是單純的數字而已，而 LabVIEW 則提供許多不同型態的數值元件，如：溫度計 (thermometer)、水塔 (tanks)、滑動開關 (slides)、旋鈕 (dial)、儀表 (gauge) 和簡單的數字控制端及顯示端等。可以在數值控制元件上輸入欲輸入的數值；數值顯示元件則會顯示欲輸出的數值。在 LabVIEW 中，可以將不同型態的數值控制元件連接至不同型態的數值顯示元件上。當做過後面的範例後，將會對 LabVIEW 的數值元件有更深的認識。

6-1　元件路徑

當開始試著使用 LabVIEW 中的數值元件時，先要清楚知道數值元件的所在位置；就拿蓋房子來說，有了整個建築物的藍圖也知道如何去建造，但卻是沒有建材或不知道怎樣得手，那等於是紙上談兵、無濟於事，跟做白日夢沒什麼兩樣。同理，其它的程式語言也是如此，當要呼叫副程式時，必須知道它的位址才能 CALL 它。LabVIEW 中的元件也不例外。一位好的廚師知道何處有他想要的食材，且知道用什麼食材可以做出什麼美味的料理。希望做一個好廚師嗎？那必須知道食材在哪？否則就枉費你一身的廚藝了。

事不宜遲，馬上去拜訪數值元件的家。LabVIEW 提供多種路徑可以找到數值元件，其中包括數值控制元件及數值顯示元件，如圖 6-1 至圖 6-3 所示等路徑。

數值元件：可以在人機介面上按滑鼠右鍵，在跳出的 Controls 控制面板上進入「Modern → Numeric」中取得數值控制及顯示元件，如圖 6-1 所示。

圖 6-1　快速式數值元件

 復古式數值元件：可以在人機介面上按滑鼠右鍵，在跳出的 Controls 控制面板上進入「Classic → Numeric」中取得數值的控制元件及顯示元件，如圖 6-2 所示。

圖 6-2　復古式數值元件

綜合式數值元件：可以在人機介面上按滑鼠右鍵，在跳出的 Controls 控制面板上進入「Express → Numeric Controls / Numeric Indicators」中取得數值控制 / 顯示元件，如圖 6-3 所示。

圖 6-3　綜合式數值元件

 搜尋元件：若知道將要使用的元件名稱卻不知道元件路徑時，可在人機介面或圖形程式區按滑鼠右鍵，叫出面板後點選面板右上方的 "Search" 按鍵，如圖 6-4 所示。即可呼叫 "Search Palettes" 面板，可用此面板透過文字進行元件的搜尋，如圖 6-5 所示。譬如要搜尋一個數值顯示元件 Numeric Indicator，可以在 Search Palettes 面板上的空白處輸入 Numeric Indicator。即可點選下方元件並使用，如圖 6-6 所示。

人機介面或圖形程式區點選右鍵皆可找到【Search】按鍵

圖 6-4

圖 6-5 　　　　　　　　　　　　　　　　　圖 6-6

6-2 　使用

6-2.1 　設定

首先，在人機介面上按滑鼠右鍵，在跳出的 Controls 控制面板上從數值元件家中取一位 Numeric 成員，在這裡選擇 Numeric Control 元件來做說明。如圖 6-7 所示，在該元件上按滑鼠右鍵，它會跳出一個選單，可以點選選單中的 Properties 來設定數值元件所呈現的資料型態及精確度。

圖 6-7

1. 資料型態

　　當完成圖 6-7 的動作後，視窗會出現該數值元件的性質設定面板，此面板共有七個表單分別是 Appearance、Data Type、Data Entry、Display Format、Documentation、Data Binding、Key Navigation 七個表單。點選 Data Type，可設定數值元件的資料型態，如圖 6-8 所示。在 Representation 下面的方塊按滑鼠左鍵會跳出一個表單，裡面共有十五種不同的資料型態，當選擇其中一種時 (I8：8 位元整數)，在表單 Data Entry 中的 Minimum 及 Maximum 會顯示所選擇的資料型態之數值範圍 (-128 ～ 127) 如圖 6-9 所示。可以依照需求設定數值元件的資料型態。

圖 6-8

圖 6-9

各種代碼的資料型態如下：

EXT	高精確度浮點數	U32	無正負號 32 位元整數
DBL	雙精準度浮點數	U16	無正負號 16 位元整數
SGL	單精準度浮點數	U8	無正負號 8 位元整數
I32	32 位元整數	CXT	複數高精確度浮點數
I16	16 位元整數	CDB	複數雙精準度浮點數
I8	8 位元整數	CSG	複數單精準度浮點數

　　或者，也可以在數值元件上按滑鼠右鍵，在跳出的選單上點選 Representation，也可選擇資料的型態，如圖 6-10 所示。

2. 精確度

　　介紹完數值的資料型態後，接著來認識數值的精確度。可以在數值元件的性質設定面板上，點選 Display Format 表單，可供設定數值元件所呈現的精確度，如圖 6-11 所示。以 80.17 這個數值為例，當精確度設定為 4 時，則數值顯示為 80.17；如果將精確度設定為 3，數值則顯示為 80.2，依此類推。當然也可以在表單 Display Format 的左邊選單中選擇以時間日期的方式顯示或以科學記號表示等。

圖 6-10

圖 6-11

6-2.2　訣竅

1.　輸出 / 輸入之切換

當在撰寫程式時，若快、狠卻又不準的話，往往會將控制元件及顯示元件搞錯。本來想要點選顯示元件但卻選錯成控制元件，以至於又得重新選擇一次且還要刪除原有的錯誤元件，這時，輸出 / 輸入之切換訣竅可以省去多餘的步驟。如圖 6-12 所示，只要在數值控制元件上按滑鼠右鍵，在跳出的選單中點選 Change to Indicator，則原來的控制元件就會轉成顯示元件。同理，如圖 6-13 所示，點選 Change to Control 則顯示元件就會轉成控制元件。

圖 6-12

圖 6-13

2.　尋找對應端

當程式愈寫愈大時，常常會有找不到對應端的困擾，當無法確定人機介面上的某個元件在圖形程式區中何處，則這時尋找對應端訣竅可以提供一定程度的幫助。如圖 6-14 所示，只要在想要尋找的元件上按滑鼠右鍵，在跳出的選單中點選 Find Terminal，其對應的元件就會如圖 6-15 顯示出來。預防勝於治療，最好先用工具面板上的標籤工具在工作元件上修改 Numeric 標籤，就可以避免找不到對應端的麻煩。否則，就算有尋找對應端這項功能，也夠疲於應付了。

圖 6-14

圖 6-15

3. 隱藏對應端

除了尋找對應端外，也可以將人機介面上的對應端元件隱藏起來。如果需要的話，只要在指定元件上按滑鼠右鍵，在跳出的選單中的 Advanced 點選 Hide Indicator，如圖 6-16 所示。如此人機介面上的顯示元件就會變成如圖 6-17 的人機介面那樣被隱藏起來。若想要將被隱藏的顯示元件恢復在人機介面上的話，可在圖形程式區中的顯示元件上按右鍵，在跳出的選單中點選 Show Indicator，如圖 6-18 所示，它便會解除隱藏功能，恢復成原來的樣子。

圖 6-16

圖 6-17

圖 6-18

4. 創造

(1) 定值的元件

　　假如要設計一個只要輸入直徑就可求出圓周的程式 (直徑 × π)，則必須在人機介面上建立一個能輸入直徑的數值控制元件和一個能輸出圓周的數值顯示元件。由於圓周計算式中的 π 為一個定值，為方便計算可將圓周率 π 內建在圖形程式區中。此時，在圖形程式區上創造一個固定不變的數值控制元件 (輸入圓周率 π)。

　　首先，在人機介面上按滑鼠右鍵，在跳出的 Controls 控制面板中進入「Modern → Numeric」裡面取出 Numeric Control，接下來在該元件上按滑鼠右鍵，在跳出的選單中點選 Create 裡面的 Constant，如圖 6-19 所示，它就會創造一個性質功能相同的固定元件，此元件只能在圖形程式區中修改且不會顯示在人機介面上，其預設值為 0。可以將它設為 3.14159，再經過程式設計後，即可算出圓周 (＝直徑 ×3.14159)，如圖 6-20 所示。

圖 6-19

圖 6-20

(2) 輸入的元件

當想要用一個控制元件來控制所想要顯示的元件，而又不知道用哪個控制元件時，可以在顯示元件上按滑鼠右鍵，在跳出的選單中點選 Create 裡面的 Control，它便會創造一個適當的控制元件來，如圖 6-21 及圖 6-22 所示。

<table>
<tr><td>圖 6-21</td><td>圖 6-22</td></tr>
</table>

(3) 輸出的元件

當想要用一個顯示元件來顯示控制元件所輸出的值，卻又不知道要接哪種顯示元件才能顯示時可以在控制元件上按滑鼠右鍵，在跳出的選單中點選 Create 裡面的 Indicator，它便會創造一個適當的顯示元件來，如圖 6-23 及圖 6-24 所示。

<table>
<tr><td>圖 6-23</td><td>圖 6-24</td></tr>
</table>

5. 替換成別的元件

　　當想把數字型態的數值控制元件替換成別種型態的數值控制元件時，可以在數字型態的數值控制元件上按滑鼠右鍵，在跳出的選單中點選「Replace → Modern → Numeric」裡面的其它控制元件，只要資料型態相同，在圖形程式區內的接線是不會受到影響的。完成圖 6-25 的動作後便會如圖 6-26 所示，原本的上下鍵形式轉變成 Slide 形式。

圖 6-25

圖 6-26

6-2.3 四則運算

STEP 1 首先,人機介面上按滑鼠右鍵,在跳出的控制面板上取出兩個數值控制元件,分別命名為「X」和「Y」,再取出四個數值顯示元件,分別命名為「X+Y」、「X-Y」、「X*Y」、「X/Y」,將此六個數值元件放置在人機介面上,如圖 6-27 所示。

圖 6-27

　　將六個數值元件放置在人機介面後,一般在程式設計的人機界面規畫上都會考慮將元件排列整齊美觀。為了達到此目的可在人機介面或圖形程式區上圈選數值元件後,按滑鼠點選上方工具列的 Align Objects 及 Distribute Objects 進行元件的排列。依照圖 6-28 的排版動作後便可將版面整理成圖 6-29。至於詳細的細節可自行多加演練。

圖 6-28

圖 6-29

STEP ② 圖形程式區上按滑鼠右鍵，在跳出的函數面板上進入「Programming →
Numeric」中取得加、減、乘、除四項函數，如圖 6-30 所示。

圖 6-30

另外一種方式，在圖形程式區上按滑鼠右鍵，在跳出的函數面板上進入「Mathematics → Numeric」中也可取得，如圖 6-31 所示。

圖 6-31

STEP 3 將加、減、乘、除四項函數按照名稱分別連線至各個數值元件上，如圖 6-32 的圖形程式區所示。設「X」為 5 且「Y」值為 2，點選執行鍵後，則「X+Y」=7，「X-Y」=3，「X*Y」=10，「X/Y」=2.5。

圖 6-32

此時一個簡單的四則運算程式已經呈現在面前了，是不是很簡單呢？加油！打鐵趁熱，前往下一題吧！

（注意事項）

減函數是上面減下面，除函數上面是分子，下面是分母。

6-2.4　商數餘數

STEP 1 首先，人機介面上按滑鼠右鍵，在跳出的控制面板上進入「Modern → Numeric」中取出兩個數值控制元件，分別命名為「被除數」和「除數」，再取出兩個數值顯示元件，分別命名為「商數」和「餘數」，將此四個數值元件放置在人機介面上，如圖 6-33 所示。

圖 6-33

STEP 2 圖形程式區上按滑鼠右鍵，在跳出的函數面板上進入「Programming →
Numeric」中取得 Quotient & Remainder(商數和餘數) 的函數，如圖 6-34 所示，
接腳如圖 6-35 所示。

圖 6-34

圖 6-35　Quotient & Remainder

STEP 3 將 Quotient & Remainder(商數和餘數) 函數按照名稱分別連接至各個數值元件
上，如圖 6-36 所示。設「被除數」為 1207，「除數」為 12，點選執行鍵後，
則「商數」=100，「餘數」=7。

圖 6-36

此時一個簡單的顯示商數和餘數程式又被完成了。加油！欲窮千里目，更上一層樓，
衝啊！

6-2.5　亂數

　　亂數又可稱為隨機產生的數值。身在臺灣對於樂透一定不會陌生，應該有聽說過「電腦選號」的字眼吧！沒錯，電腦選號的意思，就是讓電腦隨機產生六個樂透號碼，而現在要學習的就是亂數，很興奮吧！相信大多數的人都可以體會那「一券在手，希望無窮」的心情。(以下範例於光碟中有詳盡的多媒體教學影片輔助說明。)

亂數範例 1

STEP 1 首先，在人機介面上按滑鼠右鍵，在跳出的控制面板上進入「Modern → Numeric」中取出一個數值顯示元件，將其命名為「隨機輸出 (0 to 1)」，如圖 6-37 所示。

圖 6-37

STEP 2 圖形程式區上按滑鼠右鍵，在跳出的函數面板上進入「Programming → Numeric」中取得亂數產生函數 Random Number(0-1)，如圖 6-38 所示。

圖 6-38

STEP 3 將亂數函數連線至隨機輸出的顯示元件上，如圖 6-39 所示。點選 "單次執行" 後，隨機輸出 (0 to 1) 的數值顯示元件便會顯示 0 到 1 間的隨機數值。

圖 6-39

亂數範例 2

　　雖然 0 到 1 之間的隨機數值的實用性不高，但是可以自訂隨機輸出的範圍。如圖 6-40 所示，將原來只能產生 0 到 1 的亂數函數乘上 1000 的話，則隨機輸出會顯示 0 到 1000 間的隨機數值。因為亂數函數的數值範圍是 0 到 1，也就是說其最大值是 1、最小值是 0。若將亂數函數乘以 10 倍，則最大值就變為 10、最小值還是不變。可以依照需求，乘上不同的倍數使其亂數函數能產生適當的隨機數值範圍，此函數大部分用來模擬感測器的輸入值。

圖 6-40

6-2.6　捨去小數點 (四捨五入)

STEP 1 首先，人機介面上按滑鼠右鍵，在跳出的控制面板中取出一個數值控制元件，將其命名為「自訂隨機輸入」後，再取出一個數值顯示元件，將其命名為「隨機輸出」，如圖 6-41 所示。

圖 6-41

注意事項

可能會覺得奇怪，在上一部分的亂數函數中(圖6-40)，為什麼隨機輸出是整數，而現在的捨去小數點函數中的隨機輸出是有小數點的數值？那是因為圖6-40中 "隨機輸出" 的資料型態被設定為整數(圖中的顯示元件為32位元)，所以在執行後，該元件顯示出來的值為整數。但是小數點後面沒顯示出來的值還是存在的。假設得到的值為123.4，因為資料型態的關係，所以顯示出來的值為123。但是，將值乘上10後，顯示的值為1234，而非1230。而現在捨去小數點函數中，設定隨機輸出資料型態為雙精準度浮點數且精確度為4，所以才有此差異。若是忘記怎樣設定資料型態，請參考圖6-8。

STEP 2 圖形程式區上按滑鼠右鍵，在跳出的函數面板上進入「Programming →
Numeric」中取得 Round To Nearest 捨去小數點 (四捨五入) 函數，如圖 6-42
所示。

圖 6-42

STEP 3 將 Round To Nearest 函數串接至乘函數與「隨機輸出」元件之間，便大功告成，
如圖 6-43 所示。此處 "自訂隨機輸入" 設定為 5000， "單次執行" 後， "隨
機輸出" 的值為 1919.75(無四捨五入)，但經過 Round To Nearest 函數後，則
輸出為 1920(四捨五入後)。但因為是隨機取值，所以每次執行後都會顯示出
不同的數值。

圖 6-43

注意事項

如果不串接 Round To Nearest 函數，而直接更改隨機輸出的資料型態成為整
數，雖然顯示效果一樣，但是 0.75 的值還是存在，只是沒有顯示出來而已。若
是串接 Round To Nearest 函數，那 0.75 的值就不會存在。

6-2.7　比較

　　大家都有類似的經驗－開開心心的買了很多要秤的東西，當要秤重時常有超出預期的結果。其實用來判別的方式僅僅是比較而已。以下就針對單一比較和多重比較做介紹：

1.　單一比較

(1)　在圖形程式區點選「Programming → Comparison」的 Max & Min 的元件去做兩數值大小比較，接腳如圖 6-44 所示。

圖 6-44　Max & Min

(2)　在人機介面中點選 Numeric 裡面的控制元件，選擇兩個 Numeric Control(取名為 X 與 Y) 和兩個 Numeric Indicator 元件 (取名為 MAX 與 MIN)，個別給 X 與 Y 數值 (值可隨機輸入) 來做比較，再如圖 6-45 所示，將元件連接起來。當完成後在 X 元件中輸入 50 及 Y 元件中輸入 27，再點選 "單次執行" 來觀看結果，結果會如圖 6-45 所示。

圖 6-45

2. 多重比較

先從人機介面中取出 4 個數值控制元件、2 個數值顯示元件與「Modern → Boolean」中的 Round LED(布林的使用會在第 10 章做詳細的介紹)，再來到圖形程式區中取出 4 個 Max & Min 的元件與 4 個「Programming → Comparison」中的 Less Or Equal to 0? 元件。再來將元件如圖 6-46 所示連接起來。在 A 元件中輸入 -68、B 元件中輸入 41、C 元件中輸入 23 以及 D 元件中輸入 -57 來判斷這四個數值之間的大小值及顯示它們的最大值和最小值，再來按 "單次執行" 來查看結果，結果如圖 6-46 所示。"Less Or Equal to 0?" 元件則是用來判斷輸入的數值是否有小於等於 0，當數值小於 0 時 (條件成立) 將布林值 true 輸出給 Round LED。

圖 6-46

 自我挑戰題：押骰子

高雄瑞豐夜市大香腸老闆為了招攬客人，擬設計一個押骰子遊戲，當客人押中骰子點數時，大香腸則半價優待。骰子點數範圍 (1 ～ 6)。請客人輸入押注號碼 (1 ～ 6 中任選一個)，再點擊 "單次執行" 來看看是否中獎。

 提示：可能會用到亂數函數與捨去小數點函數。

請設計一個能隨機產生數字1～6骰子的程式

(本書背後的光碟中有本章節的範例與自我挑戰題的解答，請參照章節來選取資料夾)

人機介面

陣列與叢集

7-1　陣列

　　陣列是包含相同資料的集合。資料的型態可以和數值、布林、字串等元件做結合，但不可以是圖形或圖表且每個單位元素的初始值皆從 0 到 N-1 的個數。下面就針對陣列介紹，可以把陣列視為數學的向量函數或矩陣函數。

7-1.1　元件路徑

　　現在要看看陣列元件的位置，LabVIEW 提供多種路徑可以找到元件，如圖 7-1 至圖 7-2 所示等路徑：

 陣列元件：在人機介面上按滑鼠右鍵，在跳出的 Controls 控制面板上進入「Modern → Data Containers」中取得陣列控制元件 Array，如圖 7-1 所示。

圖 7-1

路徑2 復古式陣列元件：人機介面上按滑鼠右鍵，在跳出的 Controls 控制面板上進入
「Classic → Data Containers」中取得陣列控制元件，如圖 7-2 所示。

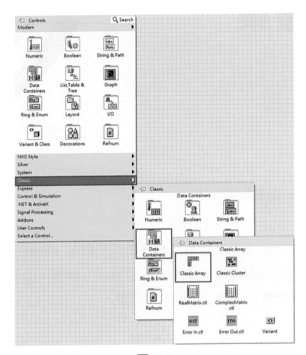

圖 7-2

7-1.2 使用

(以下範例於光碟中有詳盡的多媒體教學影片輔助說明。)

　　先照著圖 7-1 來將陣列建立於人機介面中，接著再從人機介面開啟 Controls 控制面
板，取出數值控制元件或數值顯示元件，也可直接將該數值元件以滑鼠拖曳的方式移動
至陣列框內，如圖 7-3 所示。這樣就建立了一個完整的陣列，如圖 7-4 所示是將數值控制
元件放入陣列中。

圖 7-3

圖 7-4

　　接下來將陣列外框往右拉即可增加行的數目，如圖 7-5 所示，即所謂的一維陣列。
由於程式計算是從 0 開始，所以陣列第一個值的位置以 0 來定位，第二個值的位置為 1……
以此類推。

圖 7-5

　　如果想要擴充為二維或多維陣列的話，在陣列的外框按下滑鼠右鍵功能表 Add
Dimension，如圖 7-6 所示，再如圖 7-7 的操作來擴大二維陣列。

圖 7-6

圖 7-7

緊接著，將介紹一些陣列函數相關的功能，廢話不多說，直接從範例開始吧！

7-1.3　陣列大小

以下案例將引領認識 Array Size 元件來判斷陣列的大小，例如建立一個陣列，經過 Array Size 元件之後輸出值即是 5。(以下範例於光碟中有詳盡的多媒體教學影片輔助說明。)

STEP 1　首先要建立一個一維陣列；取出數值控制元件放入陣列中，之後將陣列向右拉開，接著從 Numeric 面板上取出一個數值顯示元件 (可參考圖 7-3 到圖 7-5 來建立)。

STEP 2　接著在圖形程式區點選滑鼠右鍵，並從函數「Programming → Array」取出 Array Size，如圖 7-8 圖形程式區的路徑所示。

STEP 3　如圖 7-8 所示連接即可完成陣列，輸入數值後點擊 "單次執行" 來查看結果，在這裡的結果是 5，因為使用了 5 格的位置。

註　陣列的位置是從 0 開始計算，所以第 1 格的位置為 0，而第 2 格的位置為 1……以此類推。

圖 7-8

7-1.4　行列關係

　　接下來就來挑戰二維陣列，學習建立二維陣列函數。一開始先建立一個由任意大小的陣列組成的次陣列 (Sub Array)，並找出陣列函數的行與列的關係，分別把它顯示出來。(以下範例於光碟中有詳盡的多媒體教學影片輔助說明。)

STEP 1 先建立一個二維的陣列函數 (可參考圖 7-3 到 7-7 來建立) 並在內部填入任意數值。

STEP 2 在圖形程式區從「Programming → Array」中選取 Index Array 函數，其接腳如圖 7-9 所示。陣列控制元件的輸出連結至 n-dimension array 接點上並將常數連接至 index 0 接點上，由於範例所使用的陣列大小為 4*5，此處接在 index 0 接點的常數為 2 與 3 是為了分別抓取陣列的第三列 (因從 0 計數) 及第四行 (因從 0 計數) 的陣列資料。

圖 7-9　Index Array

STEP 3 接著在 Index Array 函數的 element or subarray 端按滑鼠右鍵點選「Create → Indicator」並命名為 "列" 與 "行"，再依圖 7-10 的程式架構連接即可完成。在陣列中輸入值後點擊 "單次執行" 來觀察結果。

圖 7-10

注意事項

透過剛才得實作可以得知 Index Array 能夠指定陣列中的任何一個位置，然後
將資料輸出，所以必須要給它陣列資料以及位置的 Index 值。(此段落引用自
LabVIEW Pro 論壇)

7-1.5 建立三個陣列並組成二維陣列

STEP 1 首先在人機介面上建立四個數值陣列元件。兩個陣列控制元件命名為 "陣列 A"
與 "陣列 B"。兩個陣列顯示元件命名為 "組合陣列" 與 "隨機陣列"，建立
方法可參考 7-1.2 節。接著再建立二個數值控制元件將其命名為 "執行次數"、
"比例"。

STEP 2 接著在圖形程式區建立一個亂數元件，建立方法可參考 6-2.5 節，並放置 For
Loop 迴圈。For Loop 詳細使用方法會在第 11 章做詳細的介紹，For Loop 迴圈
的位置在圖形程式區「Programming → Structures」中，並由 "隨機陣列" 將值
顯示出來，如圖 7-13 所示。

STEP 3 在人機介面中，將執行次數設定為 3(產生幾個陣列的值)，將亂數函數乘上 "比
例"(隨機陣列中值的範圍) 顯示於 "組合陣列" 的第三列。

Build Array 是將資料或陣列組合成新陣列的函數，其接腳如圖 7-11 所示。

圖 7-11　Build Array

STEP 4 接著在圖形程式區「Programming → Array」選取 Build Array 函數，將 "陣列 A"
連結至 Build Array 函數的 array 端，"陣列 B" 連至 element 端，"隨機陣列"
連至另一個 element 端，程式如圖 7-12 所示和如圖 7-13 所示。接著在 "陣列
A"、"陣列 B"、"執行次數(產生幾個陣列的值)" 與 "比例(隨機陣列中
值的範圍)" 元件中輸入數值，在點擊 "單次執行" 來觀察 "組合陣列"。

圖 7-12　　　　　　　　　　　　圖 7-13

注意事項

Build Array 是一個功能強大的元件，可以任意地將多組陣列資料進行組合，不論是單一元素組成一維陣列，或一數值與一陣列組成一維陣列，或是兩個一維陣列組成一個二維陣列，或甚至是將兩個一維陣列組成另一個較長的一維陣列也可以，如圖 7-14 所示。(此段落引用自 LabVIEW Pro 論壇)

圖 7-14

7-1.6 建立一個陣列並熟悉陣列函數

再來學習陣列的另外一種功能。Array Subset 用以設定陣列之索引 (Index) 和長度 (Length)，其接腳如圖 7-15 所示。(以下範例於光碟中有詳盡的多媒體教學影片輔助說明。)

圖 7-15　Array Subset

STEP ① 首先在人機介面上取出三個數值的控制物件，將其命名為 "比例"、"開始" 與 "顯示數量"，接著在建立三個數值陣列顯示物件，將其命名為 "隨機陣列"、"結束陣列" 與 "次要陣列"，建立方法請參考 7-1.2 節。

STEP ② 在圖形程式區建立一個亂數並放置在 For Loop 迴圈內 (For Loop 迴圈的路徑在圖形程式區「Programming → Structures」中)，並由 "隨機陣列"，將陣列的值顯示出來。

STEP ③ 在圖形程式區中的 For Loop 迴圈左上角 N 符號左邊接點點擊滑鼠右鍵新增一個數值常數元件並設定為 10，如圖 7-16 所示。迴圈設定為 10 次的目的在讓程式能夠連續產生 10 次不同的亂數放置於隨機陣列中。至於數值控制元件 "比例" 設為 10 倍的目的在將隨機陣列內的數值乘以 10 倍。

圖 7-16

STEP ④ 接著在圖形程式區「Programming → Array」選取 Array Subset 函數，將 "結束陣列" 連結至 Array Subset 函數的 n-dimension array 端，"開始" 連至 index 0(0) 端，"顯示數量" 連至 length 0(rest) 端，接下來將 "次要陣列" 連結至 Array Subset 函數的 subarray 端。

STEP 5　"開始"是選擇"次要陣列"要從"結束陣列"的第幾個數值開始顯示出來，"顯示數量"是設定"次要陣列"要顯示幾個數值。程式如圖 7-17 和圖 7-18 所示。

STEP 6　在"比例"、"開始"與"顯示數量"元件中輸入數值後點擊"單次執行"。

說明：程式執行完後，以圖 7-17 中的"隨機陣列"位置 2 的值 (0.150888) 來講解，由於"比例"的設定為 10，所以 0.150888 將會乘上 10 並顯示在"結束陣列"中，值為 1.50888。

　　　再來由"開始"與"顯示數量"決定"次要陣列"內的值，因為"開始"的設定為 2，所以將會從"結束陣列"中的位置 2 開始提取數值並顯示在"次要陣列"中，而位置 2 的值為 1.50888。由於"顯示數量"設定為 3，所以顯示在"次要陣列"中的值將會為 1.50888、5.17202 與 4.94439 這三個值。

圖 7-17

圖 7-18

注意事項

透過剛才實作可以得知 Array Subset 能夠取出陣列中的一段資料，只需要指定起始的位置及擷取的長度，Array Subset 就會將資料擷取出來。
(此段落引用自 LabVIEW Pro 論壇)

7-2 　叢集

　　叢集本身是一種資料結構，是用來結合一種或多種資料物件形成另外一種資料型態。而它與陣列最大的不同是可允許不同的資料形式如布林、字串以及數值等等。打個比方，他就像是電纜線一樣能對不同的訊號進行傳遞(電話、語音、視訊)。

　　而叢集就是多種不同的輸入只需一種組成的輸出即可。接下來就來拜訪叢集的家吧！(以下範例於光碟中有詳盡的多媒體教學影片輔助說明。)

7-2.1　元件路徑和使用

　　可以在人機介面上按滑鼠右鍵，在跳出的 Controls 控制面板上進入「Modern → Data Containers」中取得 Cluster 叢集元件，如圖 7-19 所示。

　　接著，把想要的元件以滑鼠拖曳的方式放進叢集的框內，如圖 7-20 所示。但要記住一點，它有其優先順序，假如先放進 "控制元件"，則後面加入的 "顯示元件" 便會自動變成 "控制元件"。相反的要是先放入 "顯示元件" 的話，後面才加入的元件會自動變成 "顯示元件"。

圖 7-19

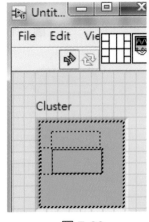

圖 7-20

首先，將布林"控制元件"放入叢集中，元件位置如圖 7-21 所示。

圖 7-21

再放入數值"顯示元件"，元件位置如圖 7-22 所示。完成後會如圖 7-23 所示，但是後面放入的數值"顯示元件"變成了"控制元件"，所以在使用叢集時請注意放入的先後順序。

圖 7-22

圖 7-23

　　而同樣地在圖形程式區中，也可以把在人機介面所做的轉換成常數型態。在該物件上面選擇滑鼠右鍵點選 Change to Indicator；而另一種方法則是在該物件按滑鼠右鍵點選「Create → Constant」來建立叢集常數，如圖 7-24 所示。

圖 7-24

7-2.2　叢集順序

　　當在處理資料時，所有叢集內都為獨立的資料型態，物件的順序就顯得非常重要。所以可以在此面板點選滑鼠右鍵選擇 Reorder Controls In Cluster...，如圖 7-25 就會跑出新的視窗，如圖 7-26 所示，去改變元件的優先順序，編輯完成後在點選打勾即可完成順序的變更。

圖 7-25

圖 7-26

7-2.3　叢集函數路徑

LabVIEW 可以利用幾個函數功能來處理叢集喔！像是集合與名稱集合等函數。下面就為大家介紹此兩種的使用方式。

集合及名稱集合在圖形程式區「Programming → Cluster, Class & Variant」中，元件名稱為 "Bundle" 和 "Bundle By Name"，如圖 7-27 所示。

圖 7-27

而集合 (Bundle) 是用在任何物件透過集合函數所連接的橋樑，可以用滑鼠在函數下方以拖曳的方式增加輸入的數目，如圖 7-28 所示。而名稱集合 (Bundle By Name) 則是可替代原來叢集的物件，因此名稱集合的功能有如集合函數一般，如圖 7-29 所示。

圖 7-28　Bundle　　　　　　　　　　圖 7-29　Bundle By Name

7-2.4　叢集函數傳送和接收資料

1. 首先在人機介面上取出三個控制元件分別是數值、布林、字串，將其命名為 "傳送數值"、"傳送開關"、"傳送字串"，再從人機介面上取出三個顯示元件分別是數值、布林、字串，將其命名為 "接收數值"、"接收開關"、"接收字串"。(字串路徑為「Modern → String & Path」)

2. 接著在圖形程式區「Programming → Cluster, Class & Variant」取出 "Bundle" 和 "Unbundle"，如圖 7-30，在 "Bundle" 上方 Cluster 端按滑鼠右鍵建立常數，如圖 7-31 所示。

圖 7-30

圖 7-31

3. 再來照著圖 7-32 所示將元件連接即可完成程式，點擊 "單次執行" 來觀察 "顯示元件們" 的值是否如同 "控制元件們" 一樣，執行結果如圖 7-32 所示。

圖 7-32

7-2.5　檔案儲存

　　若想將 LabVIEW 檔案相容於其他版本的 LabVIEW 軟體，可以將檔案先行另存相容其他版本的 LabVIEW 檔案。可以在 "File" 下拉式選單點選 "Save for Previous Version…"，如圖 7-33 所示。將會呼叫出 "Save for Previous Version" 面板可以選擇另存不同版本的 LabVIEW 檔案版本，如圖 7-34 所示。

圖 7-33

圖 7-34

自我挑戰題 1：叢集挑戰

讓叢集資料顯示到圖表上，有 3 筆資料 (1 個是陣列、2 個是數值資料)，請把這 3 筆資料同時在圖表上顯示，且"單次執行"後應產生的結果如下圖所示。(圖表路徑「Modern → Graph」中取出 Waveform Graph)

(可以將上限設定為小於 Y 軸上限的整數值、下限則為大於 Y 軸下限的整數值)

人機介面

自我挑戰題 2：七段 LED 亂數燈

讓亂數資料 (0 ～ 9) 透過 LED 燈顯示，如下圖所示。

人機介面

(本書背後的光碟中有本章節的範例與自我挑戰題的解答，請參照章節來選取資料夾)

迴圈

有撰寫過程式語言的人，一定都知道重複執行某段程式的重要性。在這章節將探索 LabVIEW 的迴圈 While Loop 及 For Loop 的使用。不要害怕儘管放 20 個心，因為你會發現，原來架設一個迴圈就像呼吸一樣簡單。

8-1　While Loop

8-1.1　路徑

在開始介紹 While Loop 的使用前，先去拜訪 While Loop 的家吧。LabVIEW 提供多種路徑可以找到 While Loop，如圖 8-1 與圖 8-3 所示等路徑。

 可以在圖形程式區上按滑鼠右鍵，在跳出的函數 Functions 面板上進入「Programming → Structures」裡找到 "While Loop" 函數，如圖 8-1 所示。

圖 8-1　While Loop 函數

注意事項

上述的 While Loop 需要在停止元件額外連接一個布林控制元件，進入「Modern → Boolean → Stop Buttons」 "Stop Button" 程式才可執行，如圖 8-2 所示。

圖 8-2　加入 Stop Button

 可以在圖形程式區上按滑鼠右鍵，在跳出的函數 Functions 面板上進入「Express → Exec Control」裡面找到 While Loop，如圖 8-3 所示。

圖 8-3　While Loop 函數 (內建 Stop Button)

註 此路徑之 While Loop 已經在停止元件上連接一個布林控制元件 "Stop Button"，使用者不必額外連接 "Stop Button"。

8-1.2　訣竅

在開始使用 While Loop 前,先學習如何移除迴圈架構,而不影響 While Loop 內的程式。

1.　建構迴圈

首先,在圖形程式區上按滑鼠右鍵,在跳出的函數 Functions 面板上進入「Express → Exec Control」裡面點選 While Loop 並以拖曳的方式放置在圖形程式區上,如圖 8-4 所示。

2.　移除迴圈

當想要移除迴圈時,只要在迴圈框架上按滑鼠右鍵,在跳出的選單中點選 Remove While Loop,如圖 8-5 所示。那樣一來,就可以移除掉迴圈,只剩下 "STOP" 鍵還在圖形程式區上。

圖 8-4　建構迴圈

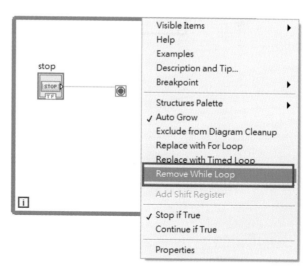

圖 8-5　移除 While Loop

3. 轉換迴圈

接下來，教導如何將 While Loop 轉換成 For Loop。首先，在呼叫出來的 While Loop 迴圈框架上按滑鼠右鍵，在跳出的選單中點選 Replace with For Loop，如圖 8-6 所示。如此一來，While Loop 就會變成 For Loop 架構，在下一節將會探討 For Loop 的使用方法。

圖 8-6　使用 For Loop 取代

8-1.3　使用

1. 迴圈計次

While Loop 是一個無限重複執行的迴圈架構。當呼叫出來時，在 While Loop 架構裡面有兩個特殊元件，一個在框架中的左下角，如圖 8-7 所示。可以將它連接至一個數值顯示元件名叫"執行次數"，如圖 8-8 所示。當點選執行鍵時，數值顯示元件將會顯示出 While Loop 執行的次數。While Loop 的執行速度完全取決於 CPU 的速度，可說是相當之快；另外一個 While Loop 元件則在框架中的右下角，如圖 8-8 所示。當按下人機介面的"STOP"鍵時，則程式停止執行。後面會有範例說明之。

圖 8-7　兩個特殊元件

圖 8-8　程式畫面

2. 執行 & 停止

當在圖形程式區按滑鼠右鍵，在跳出的函數面板上進入「Express → Exec Control」裡取出 While Loop 時，LabVIEW 會自動在停止元件上接一個布林控制元件 "Stop Button"，如圖 8-9 所示。若 While Loop 的 "停止元件" 沒接上的話，則不能執行 While Loop 架構，如圖 8-10 所示。

圖 8-9　加入 Stop Button

圖 8-10　尚未加入 Stop Button (程式無法執行)

也可以按照個人的習慣，用不同的布林控制元件來控制 While Loop 的執行與否。如圖 8-11 所示，可以用 Switch when pressed 類型的開關元件，來決定是否執行 While Loop。至於怎樣把停止的元件轉換成執行元件，請參考圖 8-12。在停止元件上按滑鼠右鍵，在跳出的選單中點選 Continue if True，則停止元件就會轉換成執行元件。

圖 8-11　更改為執行元件

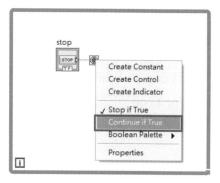

圖 8-12　更改設定

3. 無限執行

　　接下來這個範例會讓你明白架設一個無限執行的 While Loop 有多簡單。請如下步驟操作：(以下範例於光碟中有詳盡的多媒體教學影片輔助說明。)

STEP 1　首先，在人機介面中取出一個數值控制元件，將其命名為 "自訂隨機輸入" 及一個數值顯示元件，將其命名為 "隨機輸出"，再取出一個圖表來顯示圖形。在圖形程式區中則取出亂數與乘函數，如圖 8-13 所示。

STEP 2　先將以上元件如圖 8-13 的圖形程式區所示那樣連接起來，再呼叫 While Loop 以拖曳的方式將程式包起來。如此一來，只要點選 "單次執行"，則此程式就會無限執行，直到按下布林控制元件 "Stop Button" 才停止。

圖 8-13　程式畫面

8-2　For Loop

　　For Loop 與 While Loop 最大的差別在於執行次數。兩者都是重複性執行的程式迴圈架構。For Loop 可以限定迴圈每次執行的次數,但不能無限重複執行;While Loop 則可以無限重複執行。

8-2.1　路徑

　　在開始介紹如何使用 For Loop 前,先來拜訪 For Loop 的家吧!可以在圖形程式區上按滑鼠右鍵,在跳出的函數面板上進入「Programming → Structures」裡的裡面取得 For Loop 迴圈,如圖 8-14 所示。

圖 8-14　For Loop 函數

8-2.2　使用

1.　移位暫存器

　　現在就來探索 For Loop 架構中資料的移位暫存功能。(以下範例於光碟中有詳盡的多媒體教學影片輔助說明。) 首先，依照圖 8-15，在圖形程式區上按滑鼠右鍵，在跳出的函數面板上進入「Programming → Numeric」中取得 "Increment" 函數 (+1 函數)。至於為什麼要在 For Loop 的 "i" 上加 1，原因是 "i" 的起始值是 0，為了讓它的執行次數能與人機介面同步才會串接一個 "Increment" 的函數。接著在 "For Loop 架構的框架"上按滑鼠右鍵，在跳出的選單中點選 Add Shift Register，如圖 8-16 所示。這樣就建立好一組移位暫存器了。

圖 8-15　程式畫面

圖 8-16　增加移位暫存器

移位暫存器包含了迴圈框架上左右兩邊的一對接點，如圖 8-17 所示。當一次遞迴即將完成之際，右邊的接點會將資料儲存下來，並且在下一次遞迴開始之前出現在左側接點上。

剛建立的移位暫存器是黃底黑色的小框架。當以一個元件接上移位暫存器後，它便會自動調整成該元件的資料型態，同時改變成對應之資料的顏色，如圖 8-17 所示。移位暫存器的接點皆為數值的整數資料型態－藍色。移位暫存器可以包含任何型態的資料，如數值 (藍色或橘色)、布林 (綠色)、字串 (粉紅色)……等。

圖 8-17　程式畫面

可以在多個 For Loop 或 While Loop 中應用移位暫存器來處理資料的流程。請注意，當使用移位暫存器時，它在跑完指定執行的次數後，才會把資料輸出到迴圈架構外的元件。在後面的累加器範例中將會有更深的體驗。

2. 回授

回授，其功能與移位暫存器差不多。(以下範例於光碟中有詳盡的多媒體教學影片輔助說明。) 在開始介紹回授之前，先要拜訪它的家。可以在圖形程式區上按滑鼠右鍵，在跳出的函數面板上進入「Programming → Structures」裡找到回授 "Feedback Node" 元件，如圖 8-18 所示。回授元件會將資料傳送至左邊的節點，如圖 8-19 所示。當一次遞迴即將完成之際，回授元件會將資料再次輸入至加函數上。當將節點連接至一個物件後，它會自動調整成該物件的資料型態。

圖 8-18　Feedback Node 函數

圖 8-19

　　當完成圖 8-19 後，會發現回授元件不能直接跨越迴圈架構傳送資料。不用擔心，只要在錯誤的節點按滑鼠右鍵，跳出的選單中點選「Tunnel Mode → Last Value」，如圖 8-20 所示，如此一來，你的畫面就如圖 8-21 一樣。因為迴圈內的資料傳遞在迴圈執行時是無法向外傳輸，所以要改變節點的設定來讓它在迴圈結束時才向外輸出。

圖 8-20

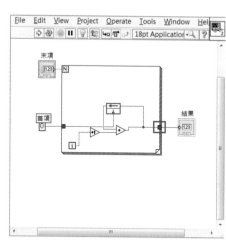

圖 8-21

3. 自訂執行次數

還記得 For Loop 與 While Loop 的差別嗎？現在要來設定 For Loop 的執行次數，請如下步驟操作：

STEP 1 首先，在人機介面上取出一個數值控制元件，將其命名為 "設定執行次數"，另外再取一個數值顯示元件，將其命名為 "顯示次數"，如圖 8-22 人機介面所示。

圖 8-22

STEP 2 在圖形程式區上點滑鼠右鍵，在跳出的函數面板上進入「Programming → Numeric」裡找到 "Increment" 函數，將其依圖 8-22 圖形程式區所示連線。輸入 "設定執行次數" 的值後，就可以執行程式並查看結果。

在下一個範例中，將會更明白為何要串接一個 "Increment" 的函數。或者可以點選資料流程鍵 (在圖形程式區的執行列上，一個像燈泡的按鍵) 來觀察 "i" 的起始值。

4. 累加器

哇！終於到了學習如何使用 For Loop 做一個簡單又常用的累加器了。請如下步驟操作：

STEP 1 首先，在人機介面中取出一個數值控制元件，將其命名為"末項"，另外再取出一個數值顯示元件，將其命名為"結果"，如圖 8-23 人機介面所示。

圖 8-23

STEP 2 在圖形程式區上按滑鼠右鍵，在跳出的函數面板上進入「Programming → Numeric」裡找到"Add"與"Increment"的函數。同時再從「Programming → Structures」裡呼叫一個 For Loop 出來。在 For Loop 架構的框架上按滑鼠右鍵，在跳出的選單中點選 Add Shift Register 產生一組移位暫存器。另外於圖形程式區上再產生一個定值的數值控制元件，將其命名為"首項"。

STEP 3 將圖形程式區上的元件，如圖 8-23 所示連線起來。如此一來，一個首項為 0，且可自訂末項的累加器，不折不扣的就呈現在面前了。其中 For Loop 的"N"是用來設定迴圈的執行次數，而在 For Loop 左下角的"i"需要 +1 才可與"N"同，如此累加的結果才會正確。再點選"單次執行"來查看結果。

8-2.3 Formula Node

Formula Node(公式點) 是提供使用者在 LabVIEW 計算數學方程式的功能，例如要算出訊號 $a = x^2 + 2x + 1$ 並且放大三倍，且 Formula Node 可以輸入多個數學判斷式。(以下範例於光碟中有詳盡的多媒體教學影片輔助說明。)

下面就來跑跑方程式吧！

STEP 1 首先要建立一個一維陣列。從人機介面「Modern → Array, Matrix & Cluster」中取出一個陣列；並取出一個數值顯示元件放入陣列中，之後再將陣列向右拉開 5 個空格，如圖 8-24 所示。

圖 8-24 程式畫面

STEP 2 緊接著，在圖形程式區的函數面板上選擇「Programming → Structure」的 "Formula Node" ，如圖 8-25 所示。

STEP 3 在 Formula Node 邊框的左邊按滑鼠右鍵加入 Add Input 並設為 x。接著，在邊框右邊按滑鼠右鍵加入 2 個 Add Output，分別設為 a 和 y。新增完輸入及輸出節點後，將預設的方程式填入 Formula Node。每輸入一個方程式必須在句尾加上分號 (；)，如圖 8-26 所示。

圖 8-25　Formula Node 函數路徑

(a) 新增節點圖

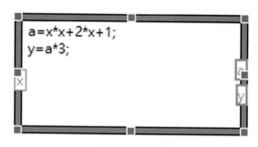

(b) 程式畫面

圖 8-26

STEP 4 在圖形程式區取出一個 "For Loop" 將 "Formula Node" 包裹在內。因前面陣
列只取出 5 個空格且迴圈執行 5 次會產生出 5 個值，因此將迴圈執行次數 N
設置為 5。將迴圈的 i(執行次數 n-1) 當作方程式 x 的輸入值。經過 "Formula
Node" 中的程式計算每次迴圈執行的值並輸出在陣列顯示元件上，如圖 8-27
所示。點選 "單次執行" 來建立陣列中的資料。當迴圈 i = 0 時，也就是 x = 0，
a = 1 且 y = 3。當迴圈 i = 1 時，也就是 x = 4，a = 4 且 y = 12。

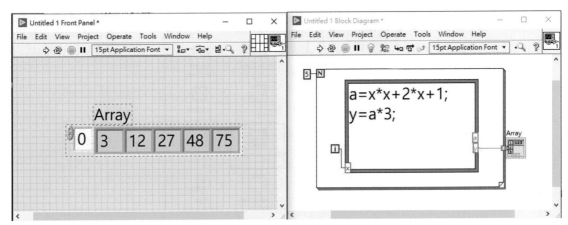

圖 8-27　程式畫面

自我挑戰題 1：自訂首項及末項的累加器

卡西歐公司為了使工程計算機更具競爭力，擬設計一個可自訂首項及末項的累加器
功能加入工程計算機內，以便客戶使用。

 請設計一個可自訂首項及末項的累加器

程式的要求：

請先輸入兩個大於零的數，且首項必須小於末
項。接著點 "單次執行"，程式將會從首項值開始累
加到末項值，累加完末項值後將會顯示總和在結果
中。

人機介面

自我挑戰題 2：移位暫存器 4BIT

　　請設計一個程式會將暫存器內的資料隨著 clock 觸發後移位到另一個數值顯示元件，如下表所示 (初始為 0，每單位時間加 1 且向右移位一個位置)。

狀態 1	0	0	0	0
狀態 2	1	0	0	0
狀態 3	2	1	0	0
狀態 4	3	2	1	0

以此類推……。

人機介面

(本書背後的光碟中有本章節的範例與自我挑戰題的解答，請參照章節來選取資料夾)

圖表

9

在進行數值分析時，假如僅以單純的數字資料顯示往往不容易了解其中的變化關係，若是資料能以圖表的方式展示出來，就比較容易看出資料間的差異性。常見的手錶也是如此，有人喜歡帶電子錶，能夠一下子就知道時間，有些人則是喜歡帶指針式的手錶，雖然不一定能夠一下子知道幾分幾秒，但比較容易規劃時間。

9-1　元件路徑

現在要來拜訪圖表的家，LabVIEW 提供多種路徑可以找到圖表元件，如圖 9-1 至圖 9-2 所示等路徑：

 綜合式圖表顯示元件：人機介面上按滑鼠右鍵，在跳出的 Controls 控制面板上進入「Modern → Graph」中取得綜合式的圖表顯示元件，如圖 9-1 所示。

圖 9-1　綜合式圖表顯示元件

路徑2 綜合復古式圖表顯示元件：人機介面上按滑鼠右鍵，在跳出的 Controls 控制面板上進入「Classic → Classic Graph」中取得圖表顯示元件，如圖 9-2 所示。

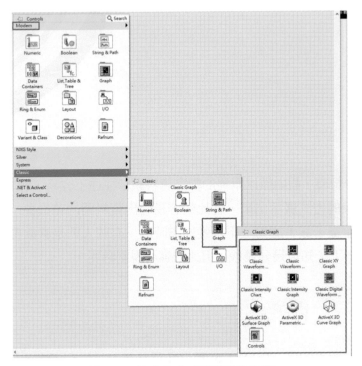

圖 9-2　綜合復古式圖表顯示元件

9-2　使用

9-2.1　設定

1. 線條多寡

首先，在人機介面上按滑鼠右鍵，在跳出的 Controls 控制面板上從圖表顯示元件家中取一個 Waveform Chart 成員 (參照圖 9-1 或 9-2 建立)。在圖表的右上角有一塊 Plot 0 的小區塊，如圖 9-3 所示。當點選它時，它會變成一個可拖曳式的形式，此時可以按照需求來增加顯示的線條 (資料數)。

圖 9-3

　　當完成圖 9-3 的動作後，圖表會增加成為三種不同顏色且獨立的線條 (Plot 0、Plot 1 及 Plot 2)，如圖 9-4 所示。

圖 9-4

2. 線條色彩

　　如果想改變線條的顏色使資料能夠區分，可以利用滑鼠在圖表右上角的區塊上按右鍵，在跳出的選單中點選 Color，它會出現一個顏色面板。可以在顏色面板中決定該線條的顏色，如圖 9-5 所示。

圖 9-5

3. 線條風格

如果想改變線條的風格，可以利用滑鼠在圖表右上角的區塊上按右鍵，在跳出的選單中點選 Line Style，它會出現五種不同的線條風格供選擇，如圖 9-6 所示。

圖 9-6

4. 線條寬度

如果認為線條太細想要粗一點，可以利用滑鼠在圖表右上角的區塊上按右鍵，在跳出的選單中點選 Line Width，它會出現六種不同粗細的線條供選擇。可以按照需要來決定線條的粗細，如圖 9-7 所示。

圖 9-7

5. 圖表類型

如果希望圖表以不同類型的方式顯示，可以利用滑鼠在圖表右上角的區塊上按右鍵，在跳出的選單中點選 Bar Plots，它會出現十一種不同的圖表類型供選擇。可以按需要來決定圖表的類型，如圖 9-8 所示。

圖 9-8

6.　線條類型

如果希望圖表的線條有資料的標記，可以利用滑鼠在圖表右上角的區塊上按右鍵，在跳出的選單中點選 Interpolation，它會出現六種類型供選擇。可以按照需要來選擇你所想要的類型，如圖 9-9 所示。

圖 9-9

7.　資料標記風格

若不喜歡現在的資料標記符號，可以利用滑鼠在圖表右上角的區塊上按右鍵，在跳出的選單中點選 Point Style，它會出現十七種不同的資料標記風格供選擇。可以按照喜好選擇喜歡的資料標記風格，如圖 9-10 所示。

圖 9-10

8. 圖表刻度

當取出圖表時,它的最大刻度預設值為 100 且只顯示頭尾 0 和 100 兩個刻度。如果希望增加圖表 X 軸的刻度,可以利用滑鼠在圖表上按右鍵,在跳出的選單中點選 X Scale 裡面的 Style,它會出現九種不同類型的刻度。可以按照需要選擇適當的刻度類型,如圖 9-11 所示。若希望增加 X 軸上的刻度,也可以利用滑鼠在圖表上按右鍵,在跳出的選單中點選 X Scale 裡面的 Style 來選擇適當的刻度類型。

當完成圖 9-11 的動作後,圖表的 X 軸刻度就會如圖 9-12 所示一樣,在 0 與 100 中間增加了更多刻度。

圖 9-11　　　　　　　　　　　　　　圖 9-12

圖表的 X 軸刻度除了以數值顯示外,也能以時間方式顯示:如果想以時間方式顯示刻度,可以利用滑鼠在圖表上按右鍵,在跳出的選單中點選 Properties,點選後視窗會出現圖表的設定面板,此面板共有六種表單,分別是 Appearance、Display Format、Plots、Scales、Documentation、Data Binding 及 Key Navigation,如圖 9-13 所示。在 Display Format 表單下面點選 Absolute time(顯示系統時間與日期) 或 Relative time(顯示相對時間) 之後,按 "OK" 鍵,即可將刻度顯示形式改為時間顯示形式,如圖 9-14 所示。

圖 9-13

圖 9-14

9. 清除圖表資料

　　如果想清除圖表上的資料，可以利用滑鼠在圖表上按右鍵，在跳出的選單中點選 Data Operations 裡面的 Clear Chart，如圖 9-15 所示。當完成圖 9-15 的動作後，圖表會如圖 9-16 所示一樣不留痕跡。

圖 9-15

圖 9-16

9-2.2 顯示資料

現在，就來學習如何將數值資料顯示在圖表上，請如下步驟操作：(以下範例於光碟中有詳盡的多媒體教學影片輔助說明。)

STEP 1 首先，在人機介面中取出一個數值控制元件，在該元件上按滑鼠左鍵兩下命名為 "隨機輸入" 即可修改名稱。接著，再取出一圖表顯示元件 "Waveform chart"，命名為 "隨機資料"，如圖 9-17 的人機介面所示。

STEP 2 在圖形程式區上利用滑鼠按右鍵，在跳出的函數面板上進入「Programming → Numeric」中取得 "乘函數" 及 "亂數"。

STEP 3 將所有元件如圖 9-17 的圖形程式區所示連線。點選 "重複執行" 後，圖表便會不斷的顯示 0 ～ 516 的資料 (看 "隨機輸入" 的值決定範圍)。

圖 9-17

9-2.3　顯示多筆資料

　　圖表的功能最主要就是能夠進行資料分析。以下的範例可以在同一圖表上看見多筆的資料，同時也可看出其差異性。(以下範例於光碟中有詳盡的多媒體教學影片輔助說明。)

STEP 1 首先，在人機介面中取出兩個數值控制元件，分別命名為 "IQ" 及 "EQ"，再取出一個數值顯示元件命名為 "IQ + EQ"。接著，在人機介面中取出一個圖表元件，並如圖 9-18 所示連接，在圖形程式區上將 "IQ" 及 "EQ" 加起來，顯示在 "IQ + EQ" 上。

圖 9-18

STEP 2 在圖形程式區上利用滑鼠按右鍵，在跳出的函數面板上進入「Programming → Cluster, Class, & Variant」裡取得 Bundle 函數，如圖 9-19 所示。

圖 9-19

STEP ③ 將個別的資料輸出連接至 Bundle 函數，如圖 9-20 的圖形程式區所示，便完成一個能顯示多筆資料的圖表。再點擊 "重複執行" 來顯示多筆資料。可在程式執行中時改變其值來觀察變化。

圖 9-20

9-2.4　多重波形圖表

在某些時候必須做到多筆資料的輸出顯示在同一個波形圖上，如同示波器要顯示多點輸出一樣。下面就示範如何產生多個波形，稱之多重波形圖表。(以下範例於光碟中有詳盡的多媒體教學影片輔助說明。)

STEP ① 首先在人機介面中配置三個數值控制元件，分別以亂數的形式產生。

STEP ② 接著在圖形程式區中按滑鼠右鍵在跳出的函數面板上進入「Programming → Cluster Class &Variant」點選 Bundle。目的是要把輸出的資料以類別 (Bundle) 的功能加以集中，如圖 9-21 所示。在往後的 LabVIEW 撰寫中會時常用到。

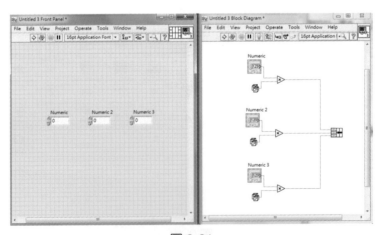

圖 9-21

STEP 3 在圖形程式區利用滑鼠按右鍵，在跳出的函數面板上進入「Programming →
Structures」取出 While Loop 迴圈，如圖 9-22 所示，以及由「Programming →
Boolean」中取出 True Constant 元件，如圖 9-23 所示 (布林的使用會在第 10 章
做詳細的介紹)。

圖 9-22

圖 9-23

STEP 4 並以"重複執行"去執行,如圖 9-24 所示連接即可完成。

圖 9-24

自我挑戰題:上下限顯示

曾文水庫管理局為了判斷水庫的水位高低是否於安全警戒值內,擬設計一圖表以便觀察。

 請設計一個能顯示水位上、下限及水位變化的圖表

水位上、下限可自訂,水位資料以隨機方式產生。

填入隨機資料、上限與下限後,執行程式來顯示資料。

註 請參考章節 9-2.3

(本書背後的光碟中有本章節的範例與自我挑戰題的解答,請參照章節來選取資料夾)

人機介面

布林

布林代數名稱取自於英國數學家喬治布林 (George Boolean)，他致力於尋找可做邏輯計算 (logical calculation) 之工具。由於他的貢獻，羅素 (Bertrand Russell) 尊稱他為純數學的發明者。而布林代數的迷人之處除了應用邏輯之外，還包括許多純數學之領域。如今布林代數更廣泛的使用在布林時代未有的領域，例如邏輯電路之設計。LabVIEW 中也提供了許多不同類型的開關，像 LED 與按鈕皆可當作邏輯閘所需的控制元件及顯示元件。

10-1　路徑

現在要拜訪布林元件的家，LabVIEW 提供多種路徑可以找到布林元件，如圖 10-1 至圖 10-4 所示等路徑。

10-1.1　元件路徑

 布林控制元件：可以在人機介面上按滑鼠右鍵，在跳出的 Controls 控制面板上進入「Modern → Boolean」中取得布林控制元件，如圖 10-1 所示，裡面有各類型的開關供使用。

圖 10-1　布林控制元件

路徑2 布林顯示元件：可以在人機介面上按滑鼠右鍵，在跳出的 Controls 控制面板上進入「Modern → Boolean」中取得布林顯示元件，如圖 10-2 所示，裡面有圓形、方形兩種 LED 燈號供使用。

圖 10-2　布林顯示元件

路徑3 分類式布林元件：可以在人機介面上按滑鼠右鍵，在跳出的 Controls 控制面板上進入「Express → Buttons 與 LEDs」中取得布林的控制元件 (Buttons) 與顯示元件 (LEDs)，如圖 10-3 所示。

圖 10-3　分類式布林元件

路徑4　復古式布林元件：可以在人機介面上按滑鼠右鍵，在跳出的 Controls 控制面板上進入「Classic → Boolean」中取得古色古香的布林控制元件 (開關) 與顯示元件 (LED)，如圖 10-4 所示。

圖 10-4　復古式布林元件

10-1.2　函數路徑

路徑　各類邏輯元件：可以在圖形程式區上按滑鼠右鍵，在跳出的函數面板上進入 Functions 面板裡的「Programming → Boolean」中取得各類邏輯元件，如圖 10-5 所示。

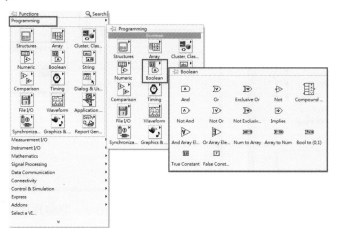

圖 10-5　各類邏輯元件

10-2　使用

10-2.1　設定 (開關的動作類型)

首先，在人機介面上按滑鼠右鍵，在跳出的 Controls 控制面板上進入布林元件家中取一個開關，在這裡用 "Push Button" 元件來做說明。接著在人機介面的開關元件上按滑鼠右鍵，在跳出的選單中點選 Properties 來設定此布林開關的動作類型，如圖 10-6 所示。

當完成圖 10-6 的動作後，視窗會出現如圖 10-7 布林開關元件的設定面板，此面板共有五個表單，分別是 Appearance、Operation、Documentation、Data Binding 及 Key Navigation。點選 Operation 表單，可設定其開關的動作類型。Operation 表單中的 Button behavior 區塊中，總共有六種開關類型供選擇，當選擇其中一種類型時，在右邊的 Behavior Explanation 區塊會顯示選擇的開關示意圖及說明。

可以在 Operation 表單中的 Preview Selected Behavior 區塊中測試該開關之功能。當測試完畢且選擇好適當的開關類型後，只要點選 "OK" 即可完成開關類型的設定，如圖 10-7 所示。

圖 10-6　屬性設定

圖 10-7　開關類型選擇

　　當熟悉各種不同的開關類型後也可以在布林開關元件上按滑鼠右鍵，在跳出的選單中點選 Mechanical Action，也會出現六種不同的開關類型供選擇，如圖 10-8 所示。

圖 10-8　開關類型選擇

🔽 各類型開關特性如下：

	Switch when pressed	按下後，開關狀態便改變，直到下次按下才回復。
	Switch when released	按下放開後，開關狀態才改變，直到下次按下放開才回復。
	Switch until released	按下時，開關狀態改變，直到放開才回復。
	Latch when pressed	按下後，開關狀態立即改變一下子後又回復原來的樣子。
	Latch when released	按下放開後，開關狀態立即改變一下子後，又回復原來的樣子。
	Latch until released	按下時，開關狀態改變，放開後會延遲一下子才回復。

10-2.2　各類邏輯閘 (真值表)

以下就來了解各邏輯閘在 LabVIEW 中的呈現情況：

1.　AND 閘

當 "A" 和 "B" 兩個輸入端皆為 High 時，則 "A AND B" 輸出端才會為 High，反之若其中一個輸入端為 Low 或是全部為 Low，則輸出端為 Low，如圖 10-9 所示。

圖 10-9　程式畫面

表 10-1 為 AND 閘之真值表，表中 1 = High，0 = Low。

表 10-1

A	B	A AND B
0	0	0
0	1	0
1	0	0
1	1	1

2. OR 閘

當"A"和"B"兩個輸入端只要其中一個或全部為 High 時，則"A OR B"輸出端就會為 High，反之若兩個輸入端皆為 Low 時，則輸出端為 Low，如圖 10-10 所示。

圖 10-10　程式畫面

表 10-2 為 OR 閘之真值表，表中 1 = High，0 = Low。

表 10-2

A	B	A OR B
0	0	0
0	1	1
1	0	1
1	1	1

3. XOR 閘

當 "A" 和 "B" 兩個輸入端一個為 High，一個為 Low 時，則 "A XOR B" 輸出端才會為 High，若兩個輸出端同時為 High 或同時為 Low 時，則輸出端為 Low，如圖 10-11 所示。

圖 10-11　程式畫面

表 10-3 為 XOR 閘之真值表，表中 1 = High，0 = Low。

表 10-3

A	B	A XOR B
0	0	0
0	1	1
1	0	1
1	1	0

4. NOT 閘

當 "A" 輸入端為 Low 時，則 "NOT A" 輸出端為 High，反之，若輸入端為 High，則輸出端為 Low，如圖 10-12 所示。

圖 10-12　程式畫面

表 10-4 為 NOT 閘之真值表，表中 1 = High，0 = Low。

表 10-4

X	NOT X
0	1
1	0

5. NAND 閘

就是在 AND 閘的輸出端再串接一個 NOT 閘,當 "A" 和 "B" 兩個輸入端,只要其中一個為 Low 或全部為 Low 時,則 "A NAND B" 輸出端為 High,若兩個輸入端皆為 High,則輸出端為 Low,如圖 10-13 所示。

圖 10-13　程式畫面

表 10-5 為 NAND 閘之真值表,表中 1 = High,0 = Low。

表 10-5

A	B	A NAND B
0	0	1
0	1	1
1	0	1
1	1	0

6. 半加器

　　學會各式基本布林運算後，可以嘗試更進一步的製作半加器，半加器主要有 A、B 兩個輸入端，以及 S(和)、C_A(進位) 兩個輸出端，當 A、B 兩輸入只有其中之一的值為 "1" 時，S(和) 的輸出端為 High，而 C_A 為 Low，若 A、B 兩輸入皆為 "1"，C_A(進位) 的輸出端為 High，而 S(和) 的輸出端則為 Low，如圖 10-14 所示。(以下範例於光碟中有詳盡的多媒體教學影片輔助說明。)

圖 10-14　程式畫面

　　表 10-6 為半加器的真值表，表中 1 = High，0 = Low。

表 10-6

A	B	S (和)	C_A (進位)
0	0	0	0
0	1	1	0
1	0	1	0
1	1	0	1

10-2.3 控制 LED

現在要來做一個簡單的 LED 燈號控制,如圖 10-15 所示。請如下步驟操作:(以下範例於光碟中有詳盡的多媒體教學影片輔助說明。)

STEP 1 首先,在人機介面中取出一個布林控制元件 " Vertical Toggle Switch " ,將其命名為 "開關" ,再取出一個布林顯示元件 " Round LED " ,在該元件上方顯示名稱的地方按滑鼠左鍵兩下,將其命名為 " LED " 。

STEP 2 在圖形程式區將控制元件 "開關" 連線至顯示元件 " LED " 。點選 "重複執行" 後,將開關打開,則 LED 燈亮,如圖 10-15 所示。此時,一個簡單的 LED 控制程式已呈現在面前了。當然,這只是牛刀小試,精采的還在後頭,一起前往下吧!

圖 10-15　程式畫面

10-2.4 選擇函數

你是否常常聽到人家對你說:「Which do you want?你要選擇哪一個呢?」。在日常生活中,常常會面臨許多的選擇,而這些選擇往往會影響命運及結果。選擇正確,則一帆風順;選擇不當,則勞民傷財。現在要來做一個選擇函數,如圖 10-16 所示。請如下步驟操作:(以下範例於光碟中有詳盡的多媒體教學影片輔助說明。)

　　　　　　　圖 10-16　程式畫面

STEP 1　首先，在人機介面中取出兩個數值控制元件，分別命名為 "輸入 1" 和 "輸入 2"。接著取出一個數值顯示元件，將其命名為 "輸出"，再取出一個布林控制元件 "Push Button"，將其命名為 "開關"。

STEP 2　在圖形程式區上按滑鼠右鍵，在跳出的函數面板上進入「Programming → Comparison」裡的取得 "Select" 元件，如圖 10-17 所示。

圖 10-17　選擇函數

STEP 3　將選擇函數依圖 10-18 的圖形程式區所示連線起來。當選擇的開關未按下時，則輸出會顯示與輸入 2 一樣的數值 37。反之，則如圖 10-19 的人機介面所示，輸出會顯示與輸入 1 一樣的數值 21。

圖 10-18　程式執行畫面 (開關未開)

圖 10-19　程式執行畫面 (開關開啟)

10-2.5 轉換

1. 布林轉數值

還記得前面各類邏輯閘的真值表嗎？ 1 = High，0 = Low。現在要來做一個布林轉數值的應用函數，請如下步驟操作：(以下範例於光碟中有詳盡的多媒體教學影片輔助說明。)

STEP 1 首先，在人機介面上取一個數值顯示元件，再取出一個布林控制元件 "Vertical Toggle Switch" ，如圖 10-20 所示。

圖 10-20　程式畫面

STEP 2 在圖形程式區上按滑鼠右鍵，在跳出的函數面板上進入「Programming → Boolean」裡取得 "Boolean to (0,1)" 的函數，如圖 10-21 所示。

圖 10-21　布林轉 (0,1) 函數

STEP 3 將 "Boolean to (0,1)" 的函數串接至布林控制元件與數值顯示元件中間，用線
連接起來，就完成了布林轉數值的應用函數。點選 "重複執行" 執行程式，
當打開開關時，則輸出為 1，反之，則為 0，如圖 10-22 所示。此應用函數在
後面的時間函數上是個重要的角色。

圖 10-22　程式執行畫面

2. 數值轉布林

現在要做的，正好與上一個範例相反。布林都可以轉成數值，那數值應該也可以轉
成布林吧？當完成這題後就會明白了，請如下步驟操作：(以下範例於光碟中有詳盡的多
媒體教學影片輔助說明。)

STEP 1 首先，在人機介面中，取一個數值控制元件，再取一個布林顯示元件，如圖
10-23 所示。

圖 10-23　程式畫面

STEP 2 接著，在圖形程式區上按滑鼠右鍵，在跳出的函數面板上進入「Programming→Boolean」裡取得 "Num to Array" 的函數，如圖 10-24 所示。因為此函數是將數值轉成布林陣列，所以無法直接串接至 Boolean 顯示元件 (LED) 上。這時，在 Boolean 中取一個 "Or Array Elements" 的函數，如圖 10-25 所示，它可將陣列轉成純量。

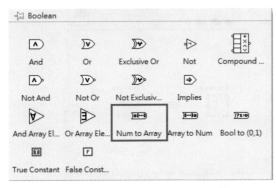

圖 10-24　Num To Array 函數

圖 10-25　Or Array Elements 函數

STEP 3 將 "Num to Array" 函數與 "Or Array Elem" 函數串接至數值控制元件與布林顯示元件之間。點選 "重複執行" 執行程式，當數值輸入為 0 時，則布林輸出為 Low。反之，只要輸入大於或等於 1 時，則輸出為 High，如圖 10-26 所示。

圖 10-26　程式執行畫面

10-2.6　考生錄取系統

　　現在才真正要進入布林函數的精華。必須要熟知各類型的邏輯元件，應用它們做出一個強而有力的系統。(以下範例於光碟中有詳盡的多媒體教學影片輔助說明。) 題目是這樣的：

1. 英文、數學、理化三科及格者錄取交通大學。
2. 英文、數學、國文三科及格者錄取成功大學。
3. 英文、數學、國文、理化皆及格者錄取臺灣大學。

 請設計一程式，來審核考生的錄取資格

　　提示：可以按照圖10-27，完成此系統，也可以用其它方式來達成。條條大道通羅馬，差別只在於邏輯元件使用的多寡。加油！若已經能夠自行設計程式達成的話，LabVIEW就像玩具那樣簡單，就只差與真實世界連結而已了！

圖 10-27　程式畫面

自我挑戰題 1：員工錄取系統

 請設計一程式以審核應徵人員的資格

惠普公司擬徵聘工程師，除了涵蓋基本條件外，尚須考英文和電腦兩科。各單位選用條件為：(每組條件只能對應一個部門，當條件達成時不可有複數部門的燈號發亮)

1. 大學畢業，年齡 28 歲以下，英文和電腦及格者錄取至研發部。
2. 大學畢業，年齡 28 歲以上，英文和電腦及格者錄取至財務部。
3. 年齡 28 歲以下，只有電腦及格者錄取至物料部。
4. 大學畢業，年齡 28 歲以上，只有英文及格者錄取至秘書部。

人機介面

 自我挑戰題 2：全加器

 請設計一全加器

在 10-2.2 節中，已經學會半加器的設計，請加以延伸加入變數 "C"，設計出全加器的控制程式。(本書背後的光碟中有本章節的範例與自我挑戰題的解答，請參照章節來選取資料夾)

A	B	C	C₀	S
0	0	0	0	0
0	0	1	0	1
0	1	0	0	1
0	1	1	1	0
1	0	0	0	1
1	0	1	1	0
1	1	0	1	0
1	1	1	1	1

1 位元全加器真值表

人機介面

對話框

有使用過電腦的人對於對話框一定不陌生，在使用電腦時常常會遇到。舉例來說，當你要儲存檔案或刪除檔案時，電腦就會出現一個對話框讓你決定檔案的命運。告訴你一個好消息，你也可以在 LabVIEW 中建立屬於自己的對話框，並且可以透過對話框控制其它元件。

在開始前，請注意程式建立好後不要點選重複執行或是使用到 While Loop 來執行程式，不然整個電腦會因為程式重複執行而被限制住。要是不小心使用的話，請使用電腦的工作管理員來關閉。

11-1　路徑

現在就來拜訪對話框的家吧！可以在圖形程式區上按滑鼠右鍵，在跳出的函數面板上進入「Programming → Dialog & User Interface」裡取得 One、Two、Three 三種不同的 Button Dialog 函數，如圖 11-1 所示。以下將介紹 One Button Dialog 與 Two Button Dialog 函數，以及 Three Button Dialog 的應用。

圖 11-1　While Loop 函數

圖 11-2 為 "One Button Dialog" 之接腳說明，可以在元件上點選滑鼠右鍵的 Help 或是在元件上點滑鼠左鍵並一起按下鍵盤的 Ctrl+H 即可取得。 "One Button Dialog" 函數的 message 為對話框內容之接腳，button name ("OK") 是按鈕的接腳，True 則是布林輸出 (高或低)。

圖 11-2　One Button Dialog

圖 11-3 為 Two Button Dialog 之接腳說明。 "Two Button Dialog" 函數的 message 為對話框內容之接腳，button name("OK")/("Cancel") 是按鈕的接腳，T button ? 則是布林輸出 (按下 OK 為高位準，Cancel 則為低位準)。

圖 11-3　Two Button Dialog

圖 11-4 為 "Three Button Dialog" 之接腳說明。 "Three Button Dialog" 函數的 message 為對話框內容之接腳，Button Text ("YES") / ("No") / ("Cancel") 是按鈕的接腳，Which Button ? 則是選擇 (YES 為 0，NO 為 1，Cancel 為 2，視窗關閉為 3)。

圖 11-4　Three Button Dialog

11-2　使用

11-2.1　提醒式

　　提醒式的對話框，意思就是強制執行沒有選擇的空間。現在來做一個提醒式的對話框程式，請如下步驟操作：(以下範例於光碟中有詳盡的多媒體教學影片輔助說明。)

STEP 1　首先，在圖形程式區上按滑鼠右鍵，在跳出的函數面板上進入「Programming → Dialog & User Interface」裡取得 "One Button Dialog" 函數 (參照圖 11-1)，接著將滑鼠移至函數左上角的粉紅色 message 接點上按滑鼠右鍵 (參照圖 11-2)，在跳出的選單中點選「Create → Control」，如圖 11-5 所示。你會看到在人機介面上出現一個名叫 "message" 的字串方塊，在人機介面上將其改名為 "對話內容"。接著，按照相同的方法，再產生 button name 的字串方塊來並連接起來，如圖 11-6 人機介面所示。

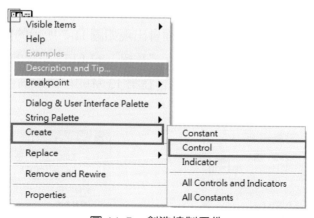

圖 11-5　創造控制元件

STEP 2 接著,在人機介面上按滑鼠右鍵,在跳出的 Controls 面板上進入「Express →
LEDs」中取得一個 "Round LED"。將上述函數如圖 11-6 的圖形程式區所示
連接起來,並在 "對話內容" 中輸入 "啟動系統" ,與 button name 中輸入 "確
定" 二字後便大功告成了。

圖 11-6　程式畫面

STEP 3 當按下 "單次執行" 後,人機介面會出現如圖 11-7 所示的對話框,點選 "確定"
後,就會呈現圖 11-8 人機介面上 "系統" 的 LED 亮起的樣子。當然不一定要
LED,也可驅動一個系統或電路。在第 13 章的程式架構中將會介紹 Case 的使
用,到時能應用的空間就更廣了。

圖 11-7　程式執行畫面

圖 11-8　LED 亮燈

11-2.2　決定式

　　決定式的對話框，顧名思義就是此對話框至少有兩個的選項按鍵供點選。現在就來做一個決定式的對話框程式，請如下步驟操作：(以下範例於光碟中有詳盡的多媒體教學影片輔助說明。)

STEP ① 首先，在圖形程式區上按滑鼠右鍵，在跳出的函數面板上進入「Programming → Dialog & User Interface」裡取得 "Two Button Dialog" 函數 (參照圖 11-1)，接著將滑鼠移至函數左上角的粉紅色 message 接點上按滑鼠右鍵，在跳出的選單中點選「Create → Control」，會看到人機介面上出現一個名叫 "message" 的字串方塊，將其改名成 "對話內容"。接著，按照相同的方法產生 "T button name" 與 "F button name" 的字串方塊並在人機介面新增一個布林 LED 燈，如圖 11-9 所示。再將上述函數如圖 11-9 圖形程式區所示連接起來，便大功告成。

圖 11-9　程式畫面

STEP 2 當按下"單次執行"後,會出現如圖 11-10 所示的對話框。若點選"是"就會呈現圖 11-11 所示的樣子,重新開機的 LED 亮起,反之,則不亮。也可以再增加一個 LED 命名為"取消",只須在重新開機 LED 後面加一個 NOT 閘,將其命名為"取消"的 LED 元件串接至 NOT 閘的輸出端,即可達成。按"否",則"取消"的 LED 亮起。

圖 11-10　程式執行畫面

圖 11-11　LED 亮

11-2.3　多重決定式

多重決定式的的對話框，顧名思義就是此對話框至少有兩個以上的選項按鍵供點選。現在就來做一個多重決定式的對話框程式，請如下步驟操作：(以下範例於光碟中有詳盡的多媒體教學影片輔助說明。)

STEP ① 首先，在圖形程式區上按滑鼠右鍵，在跳出的函數面板上進入「Programming → Dialog & User Interface」裡取得 "Three Button Dialog" 函數 (參照圖 11-1)。接著將滑鼠移至函數左上角的粉紅色 message 接點上按滑鼠右鍵，在跳出的選單中點選「Create → Control」，會看到人機介面上出現一個名叫 "message" 的字串方塊，將其改名成 "對話內容"。接著按照相同的方法產生 "Left Button Text" 與 "Center Button Text" 與 "Right Button Text" 的字串方塊來，如圖 11-12 所示。

圖 11-12　程式畫面

STEP ② 完成後按 "單次執行" 的結果如圖 11-13 所示。

圖 11-13　程式執行後

11-2.4 使用者輸入提示視窗

使用者輸入提示視窗，顧名思義就是此視窗可以作為輸入資料的提示框，只要把資料做判定就可登入視窗了。現在就來做一個系統登入視窗，請如下步驟操作：

STEP 1 首先，在圖形程式區上按滑鼠右鍵，在跳出的函數面板上進入「Programming → Dialog & User Interface」裡取得"Prompt User For Input"函數，如圖 11-14 所示。

圖 11-14

STEP 2 接著會跳出圖 11-15 所示的視窗，在 Message to Display 內打上"請輸入您的個人資料"；Inputs Name 內分別輸入"帳號"、"密碼"與"姓名"；First button name 內打上"登入"；將 Display second button 的選項打勾，再來在 Second button name 內打上"關閉"，最後在 Window Title 中輸入"登入視窗"。輸入完後請點選 OK 來完成程式的建立。

圖 11-15

STEP **3** 接著從圖形程式區的函數面板「Programming → Comparison」裡取得 "Equal?"
，再來從「Programming → String」裡取得 String Constant，並且從「Programming
→ Boolean」裡取得 And。再從人機介面的函數面板「Modern → Boolean」取
得 "Round LED"，再依如圖 11-16 所示接線並輸入用來比對的帳號 (Adam)、
密碼 (33183327) 與姓名 (國立高雄科技大學)。完成後點選 "單次執行"，執
行畫面如圖 11-17 所示。

圖 11-16

圖 11-17

 STEP 4 在圖 11-17 所示的視窗上輸入帳號、密碼與姓名，輸入完後點 "登入"。要是比對成功的話，人機介面中的登入燈將會發亮，比對失敗的話將會保持滅燈。

自我挑戰題：溫度過高預警

AMD 公司為了防止 CPU 燒毀，擬設計一個緊急處理對話框。當溫度過高時，電腦會出現一個對話框讓使用者選擇關機或重新開機。

請設計一個對話框

當使用者選擇關機時，則關機的 LED 燈亮，反之則重新開機的 LED 亮。

人機介面

(本書背後的光碟中有本章節的範例與自我挑戰題的解答，請參照章節來選取資料夾)

表單與字串

12-1　字串

　　字串是一種 ASCII 的字元組合，在程式撰寫中，是一個十分常用的物件，像前面第 11 章的對話框函數的使用。字串在 LabVIEW 中不但能傳輸 ASCII 字元，也可轉換成為數值，當讀完本章節後，將對字串會有更深的認識。

12-1.1　元件路徑

　　在開始介紹字串的使用前，先要拜訪字串元件的家，這是一定要的啦！ LabVIEW 提供多種路徑可以找到字串元件，如圖 12-1 至圖 12-3 所示等路徑。

 字串控制元件：可以在人機介面上按滑鼠右鍵，在跳出的 Controls 控制面板上進入「Modern → String & Path」裡面找到字串控制元件及 "String Control" 及字串顯示元件 "String Indicator" ，如圖 12-1 所示。

圖 12-1　快速式字串顯示元件

綜合式字串控制元件：可以在人機介面上按滑鼠右鍵，在跳出的 Controls 控制面板上進入「Express → String Ctrl」裡面找到字串控制元件，如圖 12-2 所示。

圖 12-2　綜合式字串元件

 復古式字串元件：可以在人機介面上按滑鼠右鍵，在跳出的 Control 控制面板上進入「Classic → String & Path」裡面找到古色古香的字串元件，如圖 12-3 所示。

圖 12-3　綜合式復古字串元件

12-1.2　使用

1. 簡單的輸入 / 輸出

接下來要使用字串元件做一個簡單的字串輸入 / 輸出程式，這一點也不困難，請如下步驟操作：

STEP 1 首先，在人機介面中取出一個字串控制元件，將其命名為"輸入"，另外再取出一個字串顯示元件，將其命名為"輸出"。

STEP 2 將字串元件依圖 12-4 所示串接起來，接著在輸入的字串中打入"我要歐啪"四個字，點選"單次執行"後，在輸出的字串元件中會顯示"我要歐啪"，如圖 12-5 所示。

圖 12-4　程式畫面

圖 12-5　程式執行畫面

2. 字串相加

　　以前，還不認識程式語言時，往往會認為相加的動作是數值的特權，但當接觸程式語言後，無論是 VB 或是 C 語言，會發現字串也是可以相加的。接著，即將學習 LabVIEW 中字串的相加，當完成此範例後，就會發現字串的相加與數值的相加其差別在哪。(以下範例於光碟中有詳盡的多媒體教學影片輔助說明。)

STEP 1　首先，在人機介面中取出兩個字串控制元件，分別命名為 "字串 1" 與 "字串 2"，接著再從人機介面中取出一個字串顯示元件，將其命名為 "字串 1+ 字串 2"，如圖 12-6 所示。

圖 12-6　程式畫面

STEP 2　在圖形程式區上按滑鼠右鍵，在跳出的函數面板上進入「Programming → String」裡找到 "Concatenate Strings" 的字串函數，如圖 12-7 所示，其函數功能是將字串做相加的動作。

圖 12-7　Concatenate Strings 函數

STEP 3 最後，將字串元件與 "Concatenate Strings" 函數，如圖 12-8 所示連接。點選 "單次執行" 後，輸入的字串 "21" 和字串 "32" 經相加後，其輸出則為 "2132" 與數值相加的結果 53 大不相同。字串的 "21" 加 "32" 之所以會變成 "2132" 是因為在字串元件中，它會將輸入的符號轉換成 ASCII 碼，之後再透過 "Concatenate Strings" 函數，才會輸出 "2132" 的字串出來。

圖 12-8　程式畫面

3. 判斷字串

接下來要練習建立一個判斷字串的程式。(以下範例於光碟中有詳盡的多媒體教學影片輔助說明。) 當 "輸入 1" 與 "輸入 2" 的字串相同時，則 "相同" 的 LED 燈亮，反之 "不同" 的 LED 燈亮。請如下步驟操作：

STEP 1 首先，在人機介面中取出兩個字串控制元件，分別命名為 "輸入 1" 與 "輸入 2"，接著再取兩個布林顯示元件 (LED)，如圖 12-9 的人機介面所示。

圖 12-9　程式畫面

STEP 2 在圖形程式區上按滑鼠右鍵，在跳出的函數面板上進入「Programming → Comparison」裡找到 "Equal?" 的函數，接著從「Programming → Boolean」裡取出一個 NOT 閘。

STEP 3 將上述的字串與布林元件如圖 12-9 所示連接，即完成一個判斷字串之程式。在輸入 1 與輸入 2 中鍵入 21 後，點選 "單次執行"，就會看到 "相同" 的布林元件會發亮。可以運用此範例的觀念去完成自我挑戰題 1 －輸入密碼。

 自我挑戰題 1：輸入密碼

奇美博物館為了保護藝術品不被盜取及破壞，擬設計一個保全系統，當有人要進出收藏室時要輸入許可密碼才可通過保全系統。

請設計一保全系統

當密碼輸入正確時，正確的 LED 燈亮，反之則錯誤的 LED 燈亮。

人機介面

12-2　表單

　　表單就像一個下拉式選單一樣。有上網填過資料的人都知道，當系統要求填選使用者的生日時，它在生日的年、月、日上皆有一個下拉式選單供選擇適當的年、月、日，此下拉式選單也可以稱它為表單。在這一章節，將會談到如何使用 LabVIEW 建立一個屬於自己所需的表單。

12-2.1　元件路徑

　　在開始介紹表單的使用前，先去拜訪表單的家吧！ LabVIEW 提供多種路徑可以找到表單元件，如圖 12-10 至圖 12-14 所示等路徑。

 數值表單控制元件：可以在人機介面上按滑鼠右鍵，在跳出的 Controls 控制面板上進入「Modern → Ring & Enum」裡面找到數值表單控制元件 (Text Ring 與 Menu Ring)，如圖 12-10 所示。

圖 12-10　快速式數值表單控制元件

路徑2　綜合式數值表單控制元件：可以在人機介面上按滑鼠右鍵，在跳出的 Controls 控制面板上進入「Express → Text Controls」裡面找到數值表單控制元件，如圖 12-11 所示。

圖 12-11　數值表單控制元件

 路徑3　復古式數值表單控制元件：可以在人機介面上按滑鼠右鍵，在跳出的 Controls 控制面板上進入「Classic → Classic Ring & Enum」裡面找到古色古香的數值表單控制元件，如圖 12-12 所示。

圖 12-12　復古式數值表單控制元件

字串表單控制元件：可以在人機介面上按滑鼠右鍵，在跳出的 Controls 控制面板上進入「Modern → String & Path」裡面找到 "Combo Box" ，如圖 12-13 所示。

圖 12-13　字串表單控制元件

 復古式字串表單控制元件：可以在人機介面上按滑鼠右鍵，在跳出的 Controls 控制面板上進入「Classic → Classic String & Path」裡面找到古色古香的字串表單控制元件，如圖 12-14 所示。

圖 12-14　復古式字串表單控制元件

12-2.2　使用

1. 簡單的表單

現在，即將介紹表單的使用。當完成以下範例後，將會對表單有更深的認識。開始囉！請如下步驟操作：

STEP 1　首先，在人機介面中的數值表單控制元件裡面取出一個 "Text Ring" 元件，接著，再從字串元件裡面取出一個顯示元件 "String"，如圖 12-15 所示。

圖 12-15　程式畫面

STEP 2　接著，先設定表單的內容，如圖 12-16 所示。在表單控制元件 "Text Ring" 上按滑鼠右鍵，在跳出的選單中按滑鼠右鍵選擇 Properties 之後，視窗會出現表單元件 Ring 的設定面板，此面板共有八個表單，分別是 Appearance、Data Type、Data Entry、Display Format、Edit Items、Documentation、Data Binding 與 Key Navigation。

STEP 3　接著點選 Edit Items 可設定編輯表單 "Text Ring" 的內容，先勾除 Sequential Values，接下來只要在想編輯的 Items 上按滑鼠左鍵兩下，即可自由編輯，若想增加 Items，按下 Insert 即可，如圖 12-17 所示。

圖 12-16　屬性設定

圖 12-17　表單編輯

在此數值表單設定面板中，Items 是指在表單上顯示的名稱，而 Value 則是數值表單輸出的內容，只要不勾選 Sequential Values 這一個選項，便可以設定其對應名稱的輸出內容。此時可能會有疑問，數值表單與字串表單有什麼不同？數值表單的 Value 只能輸出 (設定) 數值，不可輸出字串；而字串表單的 Value 則可以輸出字串與數值。在本章節的最後，將會說明為何現在要用數值表單來做為字串顯示元件的輸入。儘管放心，船到橋頭自然直，到時候就會明白。

當完成圖 12-17 的動作後，點選數值表單元件時會有如圖 12-18 所示的選項顯示出來。

在數值轉字串的過程中，當然要有其轉換函數才可互通。就像你對一個非洲人講台語，一定要有一個翻譯的人，將你所說的台語翻譯成非洲話，那非洲人才知道你在說什麼，才能回應你。同理，要將數值資料轉成 ASCII 碼的字串資料，轉換函數是不可缺少的一項工具。

圖 12-18　表單選擇

可以在圖形程式區上按滑鼠右鍵，在跳出的函數面板上進入「String → String/ Number Conversion」裡面找到"Number To Decimal String"函數，如圖 12-19 所示。最後，將此轉換函數串接至數值表單與字串顯示元件之間，如圖 12-20 所示。點選"重複執行"，當在數值表單上選"D"名稱，它會將輸出的數值"4"轉換成字串"4"並顯示在字串元件上。

圖 12-19　Number To Decimal String

圖 12-20　程式畫面

2. 萬年曆

接下來，這個範例要使用表單元件建立一個萬年曆，準備好了嗎？開始囉！請如下步驟操作：(以下範例於光碟中有詳盡的多媒體教學影片輔助說明。)

STEP ① 首先，在人機介面中從數值表單控制元件裡面取出三個 Ring 元件，分別命名為"年"、"月"、"日"，接著從字串元件裡面取出三個顯示元件，分別命名為"年"、"月"、"日"，最後再呼叫 While Loop 以拖曳的方式將其包起來，如圖 12-21 所示。

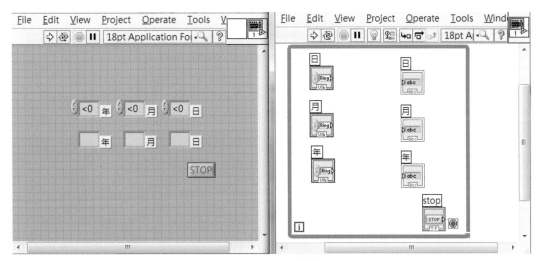

圖 12-21　程式畫面

STEP ② 接著，來設定表單"日"的內容。一個月最多有 31 天，只要在 Items 與 Values 上設定到 31 即可，如圖 12-22所示。注意！當 Sequential values 的勾點取消後，必須要設定 Values 上的值，才可完成設定。此時，OK 鍵才會浮現供點選。

當完成圖 12-22 的動作後，點選表單"日"時，就會有 1 到 31 的日子供選擇，如圖 12-23 所示。

圖 12-22　日期編輯

圖 12-23　日期選擇

STEP ③ 現在輪到表單 "月" 的內容設定。一年共有 12 個月,只要在 Items 與 Values 上設定到 12 即可,如圖 12-24 所示。注意!當 Sequential values 的勾點取消後,必須要設定 Values 上的值才可完成設定。此時,OK 鍵才會浮現供點選。

當完成圖 12-24 的動作後,點選表單 "月" 時,就會有 1 到 12 的月份供你選擇,如圖 12-25 所示。

圖 12-24　月份編輯

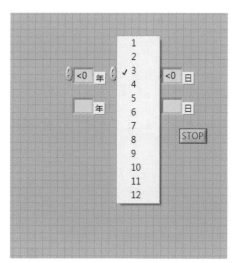

圖 12-25　月份選擇

STEP ④ 再來就只剩下表單 "年" 的內容設定了。只要在 Items 與 Values 上設定到適當的數值即可,如最小設為 80、最大設為 100,如圖 12-26 所示。注意!當 Sequential values 的勾點取消後,必須要設定 Values 上的值才可完成設定。此時,OK 鍵才會浮現供點選。

圖 12-26　年份編輯

圖 12-27　年份選擇

當完成圖 12-26 的動作後，點選表單 "年" 時，就會有 80 到 100 的年份供選擇，如圖 12-27 所示。

STEP ⑤ 當完成表單 "年"、"月"、"日" 的內容設定後，只要在圖形程式區上按滑鼠右鍵，在跳出的函數面板上進入「String → String/Number Conversion」裡面取出 "Number To Decimal String" 函數，將其串接至對應的數值表單元件與字串顯示元件之間，點選 "重複執行" 後，選擇今天的日期，就完成了一個簡單的萬年曆程式，如圖 12-28 所示。

圖 12-28　程式執行畫面

當學會了使用數值表單與字串顯示元件建立一個萬年曆後，無形中已經學會兩件事：

第一：學會如何設定數值表單的內容。

第二：知道如何將數值資料轉成 ASCII 碼的字串資料。

最後，要說明的是，數值表單 "Text Ring" 可以直接連線至數值顯示 Numeric，而不需任何轉換函數串接在其中；字串表單 "Combo Box" 也是可以直接連線至字串顯示件 String 上，而不需任何的轉換函數就可串接在其中，如圖 12-29 所示。之所以會提及使用數值表單與字串顯示元件建立一個萬年曆，是為了在學習過程中，除了知道怎樣設定表單內容，也順便學習數值轉字串的使用。

圖 12-29　各類資料形式

最後，只剩下字串轉數值的使用還沒學到。不過當參考圖 12-29 與圖 12-30 所示後，相信即可明白。只要按照圖 12-29 所示再操作一次，一定會全面了解。不得不再次提醒：數值表單中的 Values 只能輸出 (設定) 數值，不能輸出字串，而字串表單中的 Values 則可輸出字串與數值字串。

圖 12-30　各類字串函數

3. 擷取字串

接下來要介紹 "Scan From String"。它是一個可以掃描字串並依照指定格式輸出的函數，要結合 "String Subset" 去擷取在字串中所想要的資料，如圖 12-31 與圖 12-32 所示。

圖 12-31　Scan From String　　　　圖 12-32　String Subset

當元件腳位比較多時，可以透過 LabVIEW 的 Help 功能來了解元件各腳位功能。如本章節 Scan From String 可從 Help 內了解到 input string 腳位為字串輸入腳位，initial scan location 為初始掃描位置的腳位，可設定從第 0 位或第 1 位開始掃描，remaining string 則是用來保留字串用的腳位。如圖 12-33(a) 所示，可看到 LabVIEW 的 Help 功能將元件腳位寫得相當清楚，如需了解更多，建議直接從 LabVIEW 觀看詳細說明。Help

開啟方式：在圖形程式區右上角有一個黃色問號點一下，並點擊元件便可觀看元件腳位，如需更清楚的解釋再點擊 Detailed help，便會如圖 12-33(b) 顯示將元件所有腳位說明得相當清楚。

(a)

(b)

圖 12-33

STEP 1 首先,在人機介面中從「Modern → String & Path 」面板裡取出一個 "String Control" 字串控制元件,將其命名為 "輸入字串" ,並從「Modern → Numeric」面板裡取出三個 "Numeric Control" 數值控制元件,將其分別命名為 "位移數" 、 "擷取長度" 、 "初始掃描位置" ,結果如圖 12-34 所示。

圖 12-34　第一步設定

STEP 2 再來,在圖形程式區中從「Programming → String」面板裡取出一個 "Scan From String" 和一個 "String Subset" ,接著對 "Scan From String" 按下右鍵點選 "Edit Scan String" ,如圖 12-35 所示。

圖 12-35　設定畫面

STEP 3 接著來設定字串格式的內容。字串有諸多形式但不適用同一種掃描,所以要選擇適合自身需求的掃瞄方式。這裡點選 "Selected operation(example)" 的下拉選單後, 選擇 "Scan string(abc)" 後點選 "OK" ,如圖 12-36 所示。

圖 12-36　設定編輯

STEP 4 當完成圖 12-36 的動作後，開始在圖形程式區進行佈線吧。對 "String Subset" 元件的 "substring" 接腳按滑鼠右鍵點選 "Create → Indicator"，並將其命名為 "子字串"；接下來對 "Scan from String" 元件的 "remain string" 接腳按滑鼠右鍵點選 "Create → Indicator"，並將其命名為 "保留字串" 如圖 12-37 和 12-38 所示。

圖 12-37

圖 12-38

STEP 5 接著，請在人機介面中點擊滑鼠右鍵，從「Programming → String」中取出一個 String Indicator，命名為字串掃描位置，並接在 Scan From String 元件 Output1 腳。最後，如圖 12-39 的圖形程式區接線後，即可大功告成。執行結果如圖 12-39 的人機介面所示。(字串掃描位置接在 Output1 的腳位是為了顯示初始掃描位置的字串，如圖 12-39 起始掃描位置在 0 時會顯示 Hello。保留字串則是當 Hello 被擷取時所剩下的字串，如圖 12-39 所示保留字串只剩下 Moto。)

圖 12-39

4. 進制轉換

除了 "Number To Decimal String" 函數可將數值轉換成字串外，String/Number Conversion 裡還提供其它可將不同進制的數值做進制轉換的工具。例如 "Number To Hexadecimal String" (10 進制轉 16 進制) 與 "Number To Octal String" (10 進制轉 8 進制)，皆為基本的數值進制轉換，如圖 12-40 所示。反之，若是想使 16 進制或 8 進制的數值轉換成 10 進制，一樣可以在 String/Number Conversion 裡取出 "Hexadecimal String To Number" 與 "Octal String To Number" 的元件來做反轉換，如圖 12-41。

圖 12-40 數值進制轉換函數

圖 12-41 進制數值轉換函數

再來，可以利用這些轉換工具做一些基本的進制轉換，開始囉！請如下步驟操作：(以下範例於光碟中有詳盡的多媒體教學影片輔助說明。)

STEP 1 首先，在人機介面取出一個數值的輸入元件，將其命名為"10 進制數值"，另外再取出兩個字串顯示元件，分別命名為"8 進制數值"與"16 進制數值"，如圖 12-42 的人機介面。

圖 12-42　程式畫面

STEP 2 接著在圖形程式區中從「Programming → String → String/Number Conversion」裡，分別取出"Number To Hexadecimal String"與"Number To Octal String"兩個轉換元件，完成接線後再套個 While Loop 迴圈，如圖 12-42 圖形程式區所示。點選"重複執行"後，輸入 10 進制數值就可以隨心所欲的做不同的進制轉換囉！

自我挑戰題 2：成績查詢系統

　　海科大學務處為了頒獎給每班操行成績前三名的學生，擬設計一學生操行成績查詢系統，以便查詢學生操行成績。

請設計一操行成績查詢系統

只要輸入學生學號，便可查出該學生之操行成績。

人機介面

自我挑戰題 3：數值進制轉換練習系統

設計一數值進制轉換練習系統，功能如下：

1. 使用亂數產生器乘以 100，按下 "出題" 的按鈕後，產生 0 ～ 100 的整數數值。
2. 加入兩個數值輸入元件，分別設為 "8 進制" 與 "16 進制"，並設立 2 組 "正確" 與 "錯誤" 的 LED 元件。
3. 按下解答後，在 "答案" 的字串顯示元件中各別顯示進制轉換的運算結果，並比較輸入元件中所輸入的數值，判斷答案是否正確，顯示在 LED 上。

人機介面

(本書背後的光碟中有本章節的範例與自我挑戰題的解答，請參照章節來選取資料夾)

程式架構

13-1　條件架構 (Case Structure)

條件架構與其它文字程式語言中的 "if、then else" 敘述類似。它在 LabVIEW 中是個功能強大的函數，可以使用數值控制元件與布林控制元件來決定執行條件架構中的哪一個程式。當做過後面的範例後，就會對條件架構有更深的認識。

13-1.1　函數路徑

在開始介紹如何使用條件架構之前，先去拜訪條件架構的家吧！ LabVIEW 提供多種路徑可以找到條件架構，如圖 13-1 和圖 13-3 所示等路徑。

在圖形程式區上按滑鼠右鍵，在跳出的函數面板上進入「Programming → Structures」裡可取得 "Case Structure" 函數，如圖 13-1 所示。呼叫出的 Case Structure 函數如圖 13-2 所示。

圖 13-1 Case Structure 函數路徑

圖 13-2 Case Structure

路徑2　在圖形程式區上按滑鼠右鍵，在跳出的函數面板上進入「Express → Exec Control」中可取得 "Case Structure" 函數，如圖 13-3 所示。

圖 13-3　Case Structure 函數路徑

接下來，即將學習如何使用 Case Structure 來撰寫程式，其模式有兩種：

(1) 以布林元件開關來控制 Case(T or F)。

(2) 以數值表單元件來控制 Case(0.1.2.3……n)。

13-1.2　使用 Case(T or F)

　　首先，先來認識布林元件開關如何來控制 Case Structure。不要害怕，這跟呼吸一樣簡單。多說無益，當完成這範例後，就會知道它有多簡單，準備好了嗎？深呼吸後，請如下步驟操作，將會帶領一步一步向前走。(以下範例於光碟中有詳盡的多媒體教學影片輔助說明。)

STEP 1 首先，在人機介面中取出兩個數值控制元件與兩個數值顯示元件，分別命名為 "X"、"Y"、"X+Y" 及 "X-Y"。接著再從布林元件中取出一個 Switch when pressed 類型的開關，將其命名為 "選擇"，如圖 13-4 的人機介面所示。

STEP 2 在圖形程式區上按滑鼠右鍵，在跳出的函數面板上進入「Programming → Structures」裡取出 Case Structure 函數。(預設為 True) 接著，再從「Programming → Numeric」裡取出一個加函數 (Add) 放置在 Case Structure 架構中，如圖 13-4 所示。最後，再呼叫 While Loop 以拖曳的方式將其包住。

圖 13-4　程式畫面

STEP ③ 點選 Case Structure 框架上的標籤，將其標籤從 True 切換至 False，以便將減函數放置在 False 框架中，如圖 13-5(a) 所示。當 Case Structure 從 True 框架切換至 False 框架後，則 True 中的加函數會留在 True 框架裡，並不會出現在標籤 False 的框架中。這時在 False 框架中放置一個減函數，如圖 13-5(b) 所示。亦即 True 框架標籤中執行加函數，而 False 框架標籤中則執行減函數。

　　　　(a)

　　　　(b)

圖 13-5

STEP ④ 將布林開關 "選擇" 連接至 Case Structure 的控制接點上。接著，回到 Case Structure 架構上的 True 框架中將數值控制元件 "X" 和 "Y" 從框架外連結至框架內的加函數，再將加函數的輸出端連接至數值顯示元件 "X+Y" 上。這時會發現加函數的輸出不能直接跨越 Case Structure 的框架。不用擔心，只要如圖 13-6 所示 (圖中的藍色部分為對照的接點)，在跨越的接點上按滑鼠右鍵，在跳出的選單中點選 Use Default If Unwired 後，程式就會如圖 13-7 所示。本來空白的接點便成了實心的接點，這樣才能將相加後的資料傳送至數值顯示元件 "X+Y" 上。

圖 13-6　設定實心接點

圖 13-7　實心接點

STEP ⑤ 再來，將 True 框架切換到 False 框架中，將數值控制元件 "X" 和 "Y" 從框架外連結至 False 框架內的減函數，再將減函數的輸出端連接至數值顯示元件 "X-Y" 上。這時，減函數的輸出也一樣不能直接跨越 Case Structure 的框架。必須跟上一個步驟一樣在跨越的接點上按右鍵，在跳出的選單中點選 Use Default If Unwired 後才

圖 13-8

會如圖 13-8 所示，完成了一個完整可執行的程式。

最後，完成步驟 1 到 5 後，一個簡單的 Case Structure(T or F) 應用，便呈現在面前了。是不是跟呼吸一樣簡單呢？現在，先點選 "單次執行"，再將 "X" 設為 12、"Y" 設為 7，並將 "選擇" 的開關打開。這時程式會執行 Case Structure 中的 True 框架裡面之加函數，所以 "X+Y" 會顯示 19，"X-Y" 則顯示 0，如圖 13-9 所示。反之，若將 "選擇" 的開關關掉，此時程式會執行 Case Structure 中的 False 框架中之減函數，所以 "X-Y" 會顯示 5，"X+Y" 則顯示 0，如圖 13-10 所示。

圖 13-9　X+Y

圖 13-10　X-Y

13-1.3 架構設定

1. 刪除框架

現在，來學習有關條件架構 (Case Structure) 的一些設定。如圖 13-11 所示，在 Case Structure 的框架上按滑鼠右鍵，在跳出的選單中點選 Delete This Case，就可以刪除指定的框架。相對的，該框架裡面所有的函數與元件也會一併刪除。

圖 13-11 刪除指定框架

或者，也可在 Case Structure 的框架上按滑鼠右鍵，在跳出的選單中點選 Remove Case Structure 便能移除條件架構並保留內部的函數與元件，如圖 13-12 所示。

圖 13-12 移除整個框架

2. 增加框架

接著，來學習如何在條件架構中增加框架。首先，Text Ring 元件路徑在人機介面上點滑鼠右鍵進入「Controls → Modern → Ring & Enum」中即可找到，如圖 13-13(a) 所示。將一個已設定好的數值表單控制元件 Text Ring 連接至 Case Structure 的控制接點上，如圖 13-13(b) 所示。接著，將 Case Structure 切換到框架 1 上，在框架上按滑鼠右鍵，在跳出的選單中點選 Add Case Before，如圖 13-14 所示。

當完成圖 13-14 的動作後，Case Structure 的框架排列就如圖 13-15 所示。新增的框架 (框架 2) 則會介於框架 0 與框架 1 之間。

(a)   (b)

圖 13-13

圖 13-14　增加框架

圖 13-15

　　如果，不想使新增的框架 2 介於框架 0 與框架 1 之間，而想將新增的框架 2 排在框架 1 的後面的話。可以在框架 1 的框架上按滑鼠右鍵，在跳出的選單中，點選 Add Case After，如圖 13-16 所示。如此一來，Case Structure 的框架排列就如圖 13-17 所示，新增的框架 2 則在框架 1 的後面。

圖 13-16　增加框架

圖 13-17

3. 移動框架

　　最後，來學習如何複製框架中的函數於下一個框架中。首先，在框架 1 中隨意建立一個布林函數程式，接著在框架 1 的框架上按滑鼠右鍵，在跳出的選單中點選 Duplicate Case 後，在框架 1 上的函數便會複製在框架 2 上，如圖 13-18 與圖 13-19 所示。這些設定會幫助認識下面的範例。

圖 13-18　移動框架

圖 13-19

13-1.4 使用 case(0.1.2.3……n)

接下來，將學習條件架構的第二個使用方法：以數值表單元件來控制 Case Struc-ture。

經過了上一個範例洗禮後，相信你會很容易就上手的。加油！以下將會一步一步帶領認識它，深呼吸後，請如下步驟操作：(以下範例於光碟中有詳盡的多媒體教學影片輔助說明。)

STEP 1 首先，在人機介面中取出兩個數值控制元件與四個數值顯示元件，分別命名為"X"、"Y"、"X+Y"、"X-Y"、"X*Y"、"X/Y"。接著再取出一個數值表單元件 Text Ring，如圖 13-20 的人機介面所示。

STEP 2 接著，在圖形程式區上按滑鼠右鍵，在跳出的函數面板上進入「Programming → Structures」裡取出 Case Structure 函數，再將 Text Ring 連接到 Case Structure 上。再來從「Programming → Numeric」裡面取出一個加函數放置在 Case Structure 架構的 0 框架中。最後，再呼叫 While Loop 以拖曳的方式將其包住，如圖 13-20 所示。

圖 13-20

STEP 3 將 數 值 表 單 元 件 Text Ring 連 接 至 Case Structure 的 控 制 接 點 上， 如 圖 13-21 所 示。 接 著 再 點 選 Case Structure 架構上的框架標籤，會發現標籤轉成與數值表單一樣的資料型態，講到這裡應該知道接下來該如何做了吧！

圖 13-21

STEP 4 可以在 Case Structure 框架上的標籤 1 上按滑鼠右鍵，在跳出的選單中點選 Add Case After，如圖 13-22 所示。此動作會在框架 1 的後面再增加一個標籤為 2 的框架。

圖 13-22

STEP 5 重複上面的步驟，在 Case Structure 框架上的標籤 2 上按滑鼠右鍵，在跳出的選單中點選 Add Case After 後就可以在框架 2 的後面再增加一個標籤為 3 的框架。最後，在框架的標籤上按滑鼠左鍵，如圖 13-23 所示，就有 0 ～ 3 四個框架供使用。

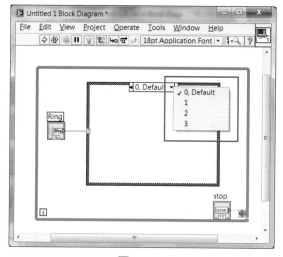

圖 13-23

STEP 6 請將步驟 4 到 5 使用在原先的程式中，並在各個框架 (0 ～ 3) 中依序放入加函數、減函數、乘函數與除函數。將 Case Structure 切換到框架 0, Default 上，將數值控制元件 "X" 和 "Y" 從框架外連結至框架 0 內的加函數，再將加函數的輸出端連接至數值顯示元件 "X+Y" 上。這時會發現加函數的輸出不能直接跨越 Case Structure 的框架進行資料傳輸。還記得嗎？只要在跨越的接點上按滑鼠右鍵，在跳出的選單中點選 Use Default If Unwired 後，就可將相加的資料傳送至數值顯示元件 "X+Y" 上，如圖 13-24 所示。

圖 13-24

STEP 7 將 Case Structure 切換到框架 1 上，將數值控制元件 "X"、"Y" 從框架外連接至框架內的減函數，再將減函數的輸出端連接至數值顯示元件 "X-Y"，如圖 13-25 所示。至於接點跨越的問題，請參考步驟 6。

圖 13-25

STEP 8 將 Case Structure 切換到框架 2 上，將數值控制元件 "X" 和 "Y" 從框架外連
接至框架 2 內的乘函數，再將乘函數的輸出端連接至數值顯示元件 "X*Y" 上，
如圖 13-26 所示。接點跨越的問題，同樣請參考步驟 6。

圖 13-26

STEP 9 將 Case Structure 切換到框架 3 上，將數值控制元件 "X" 和 "Y" 從框架外連
接至框架 3 內的除函數，再將除函數的輸出端連接至數值顯示元件 "X/Y" 上，
如圖 13-27 所示。接點跨越的問題，同樣請參考步驟 6。

圖 13-27

最後，就只剩下數值表單元件的設定。可以在數值表單元件上按滑鼠右鍵，在跳出的選單中點選 Properties，如圖 13-28 所示。之後視窗會出現數值表單元件的設定面板，此面板共有八個表單，分別是 Appearance、Data Type、Data Entry、Display Format、Edit Items、Documentation、Data Binding 與 Key Navigation。點選 Edit Items 可設定及編輯表單的內容，如圖 13-29 所示。

圖 13-28

圖 13-29

在此數值表單元件 Ring 的設定面板中，Items 是指在表單上顯示的名稱，而 Values 是指表單輸出的內容。如圖 13-29 的 Items 所示，在 Values 為 0 的 Items 上設定名稱為 "X+Y"。因為當選擇表單 "X+Y" 時，數值表單元件便會輸出數值 0 至 Case Structure 的控制接點上，此時 Case Structure 就會執行框架標籤 0 的程式 (加函數)，接著在 Values 1 的 Items 上設定名稱為 "X-Y"、Value2 的 Items 上設定名稱為 "X*Y"、Values3 的 Items 則設定名稱為 "X/Y"。

完成圖 13-29 所示的動作後，點選 OK 鍵，表單會出現如圖 13-30 所示的內容。此時點選 "X+Y" 的選項，接著設定 "X" 為 100、"Y" 為 50，點選 "單次執行" 後，"X+Y" 會顯示 150，其它的則顯示 0，如圖 13-31 所示。

圖 13-30

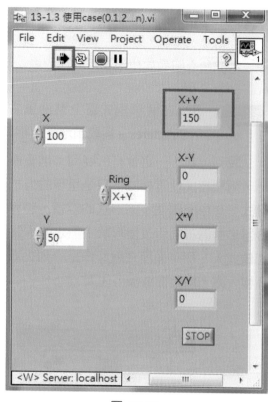

圖 13-31

呼！喝杯茶休息一下吧～接下來還有更精采的循序架構呢！到了這裡，有沒有吸收到什麼啊？其實 Case Structure 的應用還有很多，也可以在 Case Structure 裡面設計一個大系統。不過，當弄清楚上面兩個範例，條件架構可算是 OK 了。

提示：已經教會釣魚的方法了，至於想吃什麼魚，就要依靠自己去釣囉！

13-2　循序架構 (Sequence Structure)

循序架構 (Sequence Structure) 與條件架構的差別在於：條件架構需要數值控制元件或布林控制元件，才能決定執行 Case Structure 中的指定框架中的程式；而循序架構雖然不能像條件架構那樣可自訂執行架構中的任何指定框架，但就像它的名字 (循序) 一樣，它會先執行第一個框架後，再執行第二個框架中的程式，不需用數值或布林控制元件來指定它的執行。當做過後面的範例後，你將會對循序架構有更深入的了解。

13-2.1 函數路徑

在開始介紹如何使用循序架構之前,先去拜訪循序架構的家吧!

路徑 可以在圖形程式區上點滑鼠右鍵,在跳出的函數面板上進入「Programming → Structures」裡找到堆疊與平面兩種不同模式的循序架構,如圖 13-32 所示。

說到這裡,一定會有所疑問:堆疊模式與平行模式到底有什麼不同?告知一個好消息,兩種模式性質相同,只是呈現的方式不同罷了。可以將循序架構的堆疊模式與平面模式,想像成兩個不同形狀的容器,將程式想像成水。當將水倒進容器中後,水會隨著容器形狀的不同而改變形狀!但水的本質 H_2O 不變,只是呈現的方式不同。假如將程式想像成人,那平面模式就好像是一列火車,每個車廂都可載人;而堆疊模式就好像一棟高樓大廈,每個樓層都可住人。

圖 13-32

若還是不清楚,你可以在後面的範例中體會循序架構中平面與堆疊模式的差異。不用擔心,依然會帶領一步一步認識循序架構。放心,這跟呼吸一樣簡單。

13-2.2　平面模式

1. 增加框架

接著，要來學習如何增加平面模式的框架。可以在其框架上按滑鼠右鍵，在跳出的選單中點選 Add Frame Before，如圖 13-33 所示。之後便可在原有框架的左邊新增一個框架，如圖 13-34 所示。或者也可以在其框架上按滑鼠右鍵，在跳出的選單中點選 Add Frame After，如圖 13-35 所示。之後則在原有框架的右邊就會新增一個框架，如圖 13-36 所示。

圖 13-33　增加框架

圖 13-34

圖 13-35　增加框架

圖 13-36

請永遠記住，循序架構中的平面模式框架執行程式順序，皆是由左而右循序執行，這跟 Add Frame Before/After 沒有任何先後關係。還有就是，學會平面模式等於把堆疊模式給學起來了。後面馬上教導如何將平面模式的循序架構轉換成節省空間的堆疊模式。

2. 刪除框架

在開始將程式撰寫入循序架構前，先來了解平面模式的設定。首先，在圖形程式區上按滑鼠右鍵，在跳出的函數面板上進入「Programming → Structures」裡找到平面模式的循序架構。可以在 Sequence Structure 的平面模式框架上按右鍵，在跳出的選單中點選 Delete This Frame，如圖 13-37 所示。如此一來，便可以刪除指定的框架。同時，框架裡面的程式也會一併刪除。或者，也可以在 Sequence Structure 的平面模式框架上按滑鼠右鍵，在跳出的選單中點選 Remove Sequence，如圖 13-38 所示，便可移除整個循序架構。

圖 13-37　刪除框架

圖 13-38　移除框架

3. 框架轉換

當撰寫完程式於循序架構的平面模式框架中後，可以在其框架上按滑鼠右鍵，在跳出的選單中點選 Replace with Stacked Sequence，如圖 13-39 所示。之後循序架構就會從 "平面模式" 轉換成 "堆疊模式" ，如圖 13-40 所示，一點也不會影響架構中的函數與接線。

圖 13-39

圖 13-40

4. 跑馬燈 (平面模式)

現在，就來使用平面模式的循序架構，設計一個跑馬燈吧！請如下步驟操作：

STEP 1 首先，從人機介面中的布林元件裡取出一個 Switch when pressed 類型開關與三個 LED 燈號顯示元件，如圖 13-41 的人機介面所示。

STEP 2 在圖形程式區按滑鼠右鍵，在跳出的函數面板上進入「Programming → Structures」裡取得一個平面模式的循序架構，並將其增至三個框架。接著，在「Programming → Time & Dialog」裡面取出三個 Wait Until Next ms Multiple 函數，如圖 13-42(a) 所示，分別放置於三個框架中，且分別再加一個固定的數值控制元件，將其設定為 500 以便觀察程式的執行。最後再呼叫一個 While Loop 以拖曳方式將其包住，如圖 13-42(b) 所示。

圖 13-41

圖 13-42(a)

圖 13-42(b)

STEP 3 將所有元件依圖 13-43 所示連接。當打開開關後，LED 會依序亮起。反之，若將開關關掉，LED 則依序熄滅。也可以設定串接於 Wait Until Next ms Multiple 的固定數值元件，使框架中的執行時間改變，而使 LED 亮燈時間改變。

圖 13-43

13-2.3　堆疊模式

1. 跑馬燈 (堆疊模式)

接下來，就來驗證將程式由平面模式轉換成堆疊模式後，到底會不會影響程式原有的面貌。可以依圖 13-44 所示，將跑馬燈由平面模式轉換成堆疊模式。之後程式部分將會如圖 13-45 所示，變成了堆疊模式，其中的程式一點也沒有破壞，可以執行看看，是否與平面模式一樣的結果。當開關打開時，LED 會依序亮起，若將開關關閉後，則 LED 會依序熄滅，與平面模式一模一樣。

圖 13-44

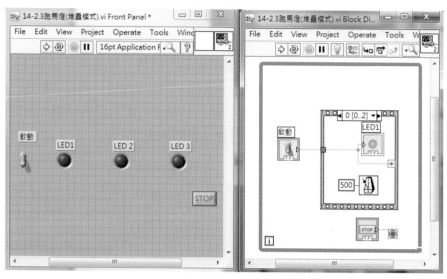

圖 13-45

自我挑戰題 1：無限循環跑馬燈 (強生計數器)

晨星廣告公司擬設計一個無限循環跑馬燈 (強生計數器) 作為廣告燈，以便幫助路邊攤老闆招攬生意。

 請設計一程式，當啟動跑馬燈時，其頻率可自訂

 提示：可能需要用到邏輯元件。

人機介面

自我挑戰題 2：類循序架構

請設計一個程式當執行時會詢問使用者是否執行狀態 0 或是執行狀態 1，要是選擇
"執行狀態 0"的話，狀態 0 的燈號就會亮，選擇"執行狀態 1"的話，狀態 1 的燈號就
會亮。當執行狀態 1 後將會詢問是否重置或執行狀態 2。當執行到狀態 2 的時候會詢問
是否重置或結束程式，當選則"重置"後將會重新開始詢問。

人機介面

提示：你可能需要用到對話框元件和狀態架構元件。

(本書背後的光碟中有本章節的範例與自我挑戰題的解答，請參照章節來選取資料夾)

時間

14

時間跟日常生活息息相關，你手上戴的手錶、家裡牆上掛著的鐘、火車站、機場處處都有它的身影，就算你手上沒有錶、家裡沒有鐘、也沒有時間觀念……等，時間依然存在，一分一秒的把你帶向未來。本章節要帶你了解 LabVIEW 的時間函數，相信在學習後，你的 LabVIEW 功力就會更上一層樓。

14-1　路徑

現在，馬上來拜訪時間函數與時間元件的家吧！ LabVIEW 提供多種路徑可以找到它們，如圖 14-1 至圖 14-2 所示等路徑。

14-1.1　元件路徑

 時間輸入 / 輸出元件：可以在人機介面上按滑鼠右鍵，在跳出的 Controls 控制面板上進入「Modern → Numeric」裡面找到它們，如圖 14-1 所示。

圖 14-1　時間輸入 / 輸出元件

路徑2 復古式時間輸入 / 輸出元件：在人機介面上按滑鼠右鍵，在跳出的 Controls 控制面板上進入「Classic → Classic Numeric」裡面找到古色古香的時間輸入 / 輸出元件，如圖 14-2 所示。

圖 14-2　復古式時間輸入 / 輸出元件

14-1.2　函數路徑

 時間延遲函數：在圖形程式區上按滑鼠右鍵，在跳出的函數面板上進入「Programming → Timing」裡找到所有有關時間的應用函數，如圖 14-3 所示，其中包含時間延遲函數。

圖 14-3　時間延遲函數

 綜合式時間延遲函數：在圖形程式區上按滑鼠右鍵，在跳出的函數面板上進入「Express → Exec Control」中找到 "Time Delay" 與 "Elapsed Time" 兩種時間延遲函數，如圖 14-4 所示。

圖 14-4　時間延遲函數

接下來即將介紹時間函數的應用，後面有六個範例正等著去認識。(以下範例於光碟中有詳盡的多媒體教學影片輔助說明。)不用擔心，它們是很好相處的。只要能跟它們成為好朋友，對爾後 LabVIEW 的程式設計上有極大的幫助。

14-2　使用

14-2.1　Wait

首先登場的是 Wait 函數的應用，當完成此範例後就會認識它了。請如下步驟操作：

STEP ❶　在人機介面中從數值元件裡面取出一個旋鈕控制元件，將其命名為 "(Sec) 擷取頻率"。接著，再從圖表元件中取出一個顯示元件，如圖 14-5 的人機介面所示。

圖 14-5　程式畫面

STEP ❷　在圖形程式區上按滑鼠右鍵，在跳出的函數面板上進入「Programming → Numeric」裡取出亂數函數與乘函數，在「Programming → Timing」裡取出 Wait(ms) 函數，如圖 14-6 所示。

圖 14-6 Wait(ms) 函數

STEP 3 接著，在圖形程式區上按滑鼠右鍵，在跳出的函數 Functions 面板上進「Express → Exec Control」裡面找到 While Loop 以拖曳方式將它們包住。最後，再如圖 14-7 的圖形程式區所示連接各元件，再點選 "單次執行"。

在圖形程式區中的 "擷取頻率" 元件之所以會乘上 1000 倍，是因為 Wait 函數的基準單位是毫秒，所以當 "擷取頻率" 元件設定為 1 時，迴圈架構中的執行速度則延遲一秒才執行一次。執行的速度是取決於 "擷取頻率" 的設定值。

圖 14-7 程式執行畫面

14-2.2 Wait Until Next ms Multiple

接著登場的是 Wait Until Next ms Multiple 函數的應用。當完成此範例後，你就會更認識它了。請如下步驟操作：

STEP 1 首先，在人機介面中從數值元件裡面取出一個旋鈕控制元件，將其命名為 "(Sec) 擷取頻率"。接著，再從圖表元件中取出一個顯示元件，如圖 14-8 的人機介面所示。

圖 14-8　程式畫面

STEP 2 在圖形程式區上按滑鼠右鍵，在跳出的函數面板上進入「Programming → Numeric」裡取出一個"亂數函數"與"乘函數"來，再從「Programming → Timing」裡取出 "Wait Until Next ms Multiple" 函數來，如圖 14-9 所示。

圖 14-9　Wait Until Next ms Multiple 函數

STEP 3　接著，再呼叫 While Loop，以拖曳方式將各元件包住，如圖 14-10 所示連線，再點選"單次執行"。

圖 14-10　程式執行畫面

14-2.3　Time Delay

再來，登場的是 Time Delay 函數的應用。當完成此範例後，就會認識它了。請如下步驟操作：

STEP 1　首先，在人機介面中從數值元件裡面取出一個旋鈕控制元件，將其命名為"(Sec) 擷取頻率"。接著，再從圖表元件中取一個顯示元件，如圖 14-11 的人機介面所示。

圖 14-11　程式畫面

STEP 2 在圖形程式區上按滑鼠右鍵，在跳出的函數面板上進入「Programming →
Numeric」裡取一個 "亂數函數" 與 "乘函數" 來，再從「Programming →
Timing」裡面取出 "Time Delay" 來，如圖 14-12 所示。當呼叫 "Time Delay"
函數後，視窗會出現如圖 14-13 的對話框，可以設定其函數延遲的秒數。

圖 14-12　Time Delay 函數

圖 14-13　設定延遲時間

STEP 3 接著，再呼叫 While Loop，以拖曳方式將它們包住。最後，將圖形程式區裡
面的元件及函數，如圖 14-14 所示連線。圖形程式區中的 "擷取頻率" 元件與
Time Delay 連接的地方就是圖 14-13 的設定面板。點選 "單次執行" 後，當 "擷
取頻率" 元件設定為 1 時，迴圈架構中的執行速度會延遲一秒後才執行一次。
執行的延遲時間取決於 "擷取頻率" 的設定值。

圖 14-14　程式執行畫面

另外，如果覺得旋鈕的數值控制元件無法精確的調至整數，可以在旋鈕上按滑鼠右鍵，在跳出的選單中，點選 Representation 後選擇整數的資料型態。那樣一來，旋鈕在轉動時，指標就會自己指向整數的地方。

可以在旋鈕式的數值控制元件後面再串接一個數值顯示元件，來觀察看看是否只出現整數。只要是數值的元件皆可按使用者需要自訂適當的資料型態。

14-2.4　顯示日期時間 (電腦本身)

現在要介紹的是擷取電腦系統本身的時間與日期函數 (Get Date/Time String)。當完成此範例後，就會了解它如何顯示電腦本身的時間與日期。請如下步驟操作：

STEP 1 首先，在人機介面中取出一個布林開關控制元件，將其命名為 "顯示秒數"，接著再取出兩個字串顯示元件，分別命名為 "今天日期" 與 "現在時間" 分別顯示日期與時間，如圖 14-15 的人機介面所示。

圖 14-15　程式畫面

STEP 2 在圖形程式區上按滑鼠右鍵，在跳出的函數面板上進入「Programming → Timing」裡取得 "Get Date/Time String" 函數，如圖 14-16 所示。

圖 14-16　Get Date/Time String 函數

STEP 3 接著，再呼叫 While Loop，以拖曳方式將它們包住。最後，如圖 14-17 所示連線。點選 "單次執行" 後，即能擷取來自電腦系統的日期和時間。在下一範例中會說明如何設定日期與時間的顯示方式及控制等。

圖 14-17　程式執行畫面

14-2.5　控制輸出時間

　　一談到控制時間，你可能會想起你的老師或父母親，因為他們時常叮嚀你，要你愛惜光陰、不要浪費時間、要學會控制自己的時間……等。有人說：「一寸光陰一寸金，寸金難買寸光陰」，也有人說「時間就是生命，人若賺得了全世界，卻賠上生命，又有何益處呢？」現在，要告訴你的是：掌控自己的時間雖然不簡單，但好消息是你可以輕易的在這範例中，學會如何使用 LabVIEW 的控制輸出時間函數，來掌控系統的時間應用。當學會此範例後，將會對時間函數的應用有更進一步的認識。加油！流淚撒種的，必歡呼收割。請如下步驟操作：

STEP 1 首先，在人機介面中從數值元件裡面取一個時間控制元件 Time Stamp Control，如圖 14-18 所示。接著在人機介面中從字串元件裡面取出兩個顯示元件，分別命名為 "現在時間" 與 "今天日期"，如圖 14-19 的人機介面所示。

圖 14-18　Time Stamp Control 元件

圖 14-19　程式畫面

STEP ② 在圖形程式區上按滑鼠右鍵，在跳出的函數面板上進入「Programming → Timing」裡取得 "Get Date/Time String" 函數，如圖 14-20 所示。

圖 14-20　Get Date/Time String 函數

STEP ③ 接著，再呼叫 While Loop，以拖曳方式將它們包住。最後，將圖形程式區裡面的元件及函數連線，如圖 14-21 所示。點選執行鍵後，可以由時間控制元件 "Time Stamp Control"，來決定字串顯示元件中的時間與日期。

圖 14-21　程式執行畫面

　　一開始 Get Data/Time String 初始值設定是 1904 年 1 月 1 日星期五上午 12:00，所以要讓程式顯示目前的時間必須按進去，再點擊「Set Time and Date → Set Time to Now → OK」，如圖 14-22 所示。

　　當然，也可以在時間控制元件上按鍵，在跳出的選單中點選 Properties 來設定時間與日期之顯示格式，如圖 14-23 所示。

圖 14-22　設定時間

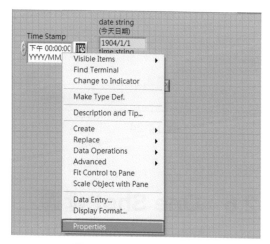

圖 14-23　屬性設定

　　當完成圖 14-23 的動作後，視窗會出現時間控制元件的設定面板，此面板共有八個表單，分別是 Appearance、Data Type、Data Entry、Display Format、Edit Items、Documentation、Data Binding 與 Key Navigation。點選 Display Format，可設定日期與時間的顯示格式，如圖 14-24 所示。在圖中的右上部分之選單，可供設定時間的輸出格式，而右下角的 Digits 則預設為 3，表示顯示到毫秒，當然 Digits 可自由設定；在時間選單的下方就是日期選單，在時間與日期中，總共有三種模式供設定：

(1) System time/date format：直接顯示電腦系統本身的時間與日期格式。
(2) Custom time/date format：LabVIEW 訂製的時間與日期格式，可在 Display Format 表單設定，如圖 14-25 所示。
(3) Time/Date unused：不顯示時間或日期。

圖 14-24

圖 14-25　格式設定

14-2.6　One Shot 延遲

有上過電子學或是電子電路實習的人,對於 NE555 這一顆 IC 相信一定不陌生。NE555 除了可拿來當振盪器使用之外,也可拿來做時間延遲。最常做的就是 One Shot(單擊)。只要將 NE555 的觸發接腳接地一下就會有一段時間的輸出,而輸出時間的長短則由搭配的電阻及電容所決定。

現在,也可以在 LabVIEW 中達到此功能,想到這裡就令人振奮。你是否也有同感呢?馬上開始吧!請如下步驟操作:

STEP 1 首先,在人機介面中從數值元件裡面取出一個數值控制元件,將其命名為 "分鐘" ,取出一個數值顯示元件 (將資料型態設為整數),將其命名為 "目前秒數" 。接著,在人機介面中從「Modern → Boolean」裡面取出兩個 "Push Button" 的開關元件,分別命名為 "開始" 與 "取消" ,然後再從「Modern → Boolean」中取出一個 Round LED 並命名為 LED,如圖 14-26 所示。

圖 14-26　程式畫面

STEP 2　在圖形程式區上按滑鼠右鍵，在跳出的函數面板上進入「Programming →
Timing」裡面取出 "Elapsed Time" 函數，如圖 14-27 所示。當呼叫 "Elapsed
Time" 函數後，視窗會出現如圖 14-28 的對話框，可以設定其函數延遲的秒數。

圖 14-27　Elapsed Time 函數

圖 14-28　設定延遲時間

接著，由「Programming → Boolean」取出一個 NOT 閘，再由「Programming →
Numeric」取出一個乘函數。接下來用滑鼠按住 "Elapsed Time" 函數再向下拖曳，
即可將其餘輸入拉出。在圖形程式區的「Functions → Programming → Structures」
中取出 Case Struture(預設值為 True)，並將所有元件包裹在內除了開始按鈕元件，
如圖 14-29 所示設定與連接即可。此處乘以 60 是為了將秒數轉換成分鐘。

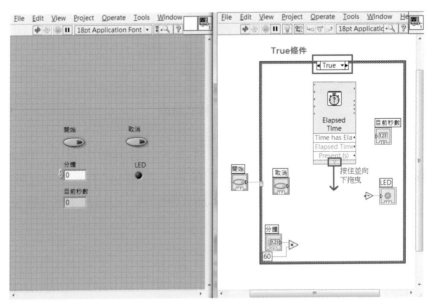

圖 14-29　拉出輸入

STEP 3 在 Case Structure 的上端 "true" 的右邊箭頭處按滑鼠右鍵即可將 Case Struture
狀態改變為 False。在圖形程式區按滑鼠右鍵，在跳出的函數面板上進入
「Programming → Structures」取出 "Local Variable" 函數，如圖 14-30 所示。
接著，在 "Local Variable" 函數上按滑鼠左鍵選擇 LED，如圖 14-31 所示，並
用一個 False Constant 相連接，如圖 14-32 所示。

圖 14-30　區域變數函數

圖 14-31

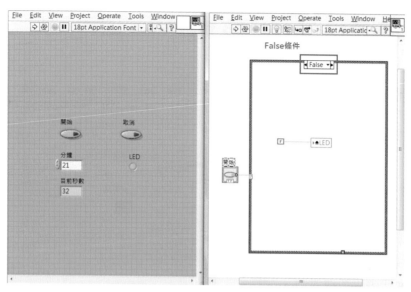

圖 14-32　接 False Constant

STEP 4 接著，再呼叫 While Loop，以拖曳方式將它們包住。將上述元件如圖 14-33 所示連接。當按下 "單次執行" 後，再將數值元件 "設定延遲分鐘" 設定為 1 分鐘後，點選 "開始" 鍵，會發現 LED 燈亮，且計時器開始計時，當計時到設定的時間 (60 秒) 後，LED 就會熄滅。或者也可以在計時中按下 "取消" 鍵來重設 LED。相信此範例對你在 LabVIEW 的設計中有著極大的幫助。

圖 14-33　程式執行畫面

註 若使用重複執行程式，則 LED 只會熄滅一小段時間，建議使用單步執行較能看出此程式的功效。

自我挑戰題 1：One Shot & 倒數

 請設計一程式以符合下述功能

聲寶公司擬設計一智慧型烘乾機，功能如下：

(1) 使用者可自訂烘乾時間，按下 "OK" 鍵開始動作。

(2) 具備倒數計時功能，倒數至 0 時，則切斷烘乾機電源。

(3) 以 LED 代表烘乾機電源。

人機介面

自我挑戰題 2：定時打水系統

請設計一程式以符合下述功能

太平洋水產養殖公司擬設計一自動打水系統，功能如下：

(1) 使用者可設定每天開始打水的時間。

(2) 可自訂打水的時間長短。

(3) 顯示現在時間、起始時間及終止時間。

人機介面

 提示：可能會用到 "＝" 函數，"＋" 函數，≧、≦、＞、＜函數，因為時間控制元件可做四則運算。

自我挑戰題 3：時脈信號 clock

樂育音樂班為了訓練班上同學的節奏感，擬設計一個節拍訓練器；使用者可自訂其節拍數。

 請設計一個節拍器以訓練同學節奏感

人機介面

 提示：可能需要用到商數與餘數函數及While Loop 中的特殊元件 "i"。

 自我挑戰題 4：顯示多國時間

國際旅行社擬設計一個顯示多國時間的系統，以便旅客查詢，使用者只要輸入台灣時間便可查詢出韓國首爾 (快台灣 1 小時) 的相對時間及美國夏威夷 (慢台灣 18 小時) 的相對時間。

 請設計一程式以符合上述功能

人機介面

 提示：可能會用到加函數與減函數。

自我挑戰題 5：掃描

製作一組 LED 矩陣，設定掃描時間為 1 秒鐘，每隔 1 秒 LED 右移一格。

 請設計一程式符合上述功能

(由於程式設計的關係，所以陣列開始的位置調整為 1。)

人機介面

人機介面

人機介面

提示：善用 For Loop 與 "+1" 函數。

(本書背後的光碟中有本章節的範例與自我挑戰題的解答，請參照章節來選取資料夾)

區域變數

　　區域變數 (Local Variables) 在 LabVIEW 中也算是程式架構的一員,其功能與之前的條件架構 (Case Structure) 及循序架構 (Sequence Structure) 大不相同。可以將區域變數當作指定元件的分身。到目前為止,都是經由程式方塊上的端點將資料做傳輸的動作,但當需要在不同的地方更新或讀取它時,區域變數可以提供一個方法在無法 (或不願) 連線到某物件的端點上時,仍可以藉由區域變數對該物件進行控制。當完成下面兩個範例後,便會認識它。

15-1 　路徑

　　在開始介紹如何使用區域變數之前,先去拜訪區域變數的家吧!

路徑1 可以在圖形程式區上按滑鼠右鍵，在跳出的函數 Functions 面板上進入「Programming → Structures」裡面找到 "Local Variables" 區域變數，如圖 15-1 所示。

圖 15-1

另外，也可至「Data Communication」裡面找到 "Local Variables" 區域變數，如圖 15-2 所示。

圖 15-2

接下來，即將學習如何應用區域變數來進行元件的串接控制與隔山打牛。聽起來真是令人亢奮啊！

15-2　使用

15-2.1　串列控制

首先，先來了解如何使用區域變數來做為元件的串列控制。放心，這比呼吸還要簡單，請如下步驟操作：(以下範例於光碟中有詳盡的多媒體教學影片輔助說明。)

STEP 1 首先，在人機介面中取出兩種不同樣式的數值控制元件，分別命名為 "輸入"
與 "Slide"。接著再取出一個數值顯示元件將其命名為 "輸出"，如圖 15-3
的人機介面所示。另外在圖形程式區上取出一個「區域變數元件」。當取出區
域變數元件時會在元件上出現一個 元件，這表示此區域變數尚未定義。

圖 15-3

STEP 2 可以在區域變數元件上按滑鼠右鍵 (按左鍵可直接做選擇) 在跳出的選單中，
可以在「Select Item」裡面找到已設定標籤的控制元件及顯示元件 (Slide、輸入、
輸出)。點選 Slide 元件，如圖 15-4 的圖形程式區所示。此時區域變數就被設
定為 Slide 的分身了。

圖 15-4

STEP 3 最後再加入「While Loop」及「Stop」元件，以拖曳方式將其包住，如圖 15-5 即可完成。

圖 15-5

當完成圖 15-5 的動作，點選 "單次執行"。如此一來，只要調整 "輸入" 數值控制元件上的資料，則 "Slide" 控制元件與 "輸出" 顯示元件也會隨著 "輸入" 元件的資料而變化。

15-2.2 隔山打牛

接下來，來認識如何使用區域變數來控制兩個平行迴圈的執行與否，也正是所謂的「隔山打牛」功能，請如下步驟操作：(以下範例於光碟中有詳盡的多媒體教學影片輔助說明。)

STEP 1 首先，從人機介面中取出一個「Toggle Switch」類型的開關。接著再取出兩個「Number Indicator」顯示元件，將其命名為 "輸出"，如圖 15-6 的人機介面所示。

圖 15-6

STEP 2 在圖形程式區上取出兩組「Wait Until Next ms Multiple」與「Number Constant」
元件來做延遲並分別連結設定為 100 與 500(為了區分 2 個迴圈執行的速度而設
定為不同的值,此處的值能自訂)。接著再進入「Programming → Structures」
裡面取出一個區域變數 "Local Variables" ,如圖 15-7 所示。

圖 15-7

STEP 3 加入「While Loop」 將上下各自框起,接著用滑鼠左鍵點擊一下迴圈右下角的
「Loop Condition」圖示 ( ),或對「Loop Condition」圖示按滑鼠右鍵選擇
「Continue if True」。這個選項是讓迴圈在 False 訊號時停止。再將「輸出」
及「Boolean」的線如圖 15-8 連接起來。在圖 15-8 中,作者先將其中一個「Loop
Condition」更改為「Continue if True」以方便參考。

圖 15-8

STEP ④ 對區域變數 "Local Variables" 點選滑鼠左鍵設定成為「Boolean」，如圖 15-9 所示。

圖 15-9

STEP ⑤ 將區域變數 "Local Variables" 設定為布林開關的分身，並按滑鼠右鍵設定為「Change To Read」，如圖 15-10 所示。

圖 15-10

STEP 6 最後再將各元件依圖 15-11 所示連結起來後即可完成。再點選 "重複執行"，並藉由布林元件來控制開關，以查看輸出的數值變化。完成後便可以使用一個布林控制元件 (開關) 來同時控制兩個平行迴圈的執行。

圖 15-11

當程式執行時，改變開關的狀態後，將會看到輸出 A 與輸出 B 會同時增加數值。由於設定的等待時間不同，所以增加的數值將會有差距。

自我挑戰題： 紅綠燈 (環型計數器)

高雄市交通局為了改善交通違規狀況，擬設計一個紅綠燈控制器，可分別設定紅、黃、綠三燈亮燈時間。

 請設計一程式符合其功能

 提示：可能需要用到循序架構及區域變數。

人機介面

(本書背後的光碟中有本章節的範例與自我挑戰題的解答，請參照章節來選取資料夾)

檔案存取

　　檔案的存取是在文書處理上不可或缺的一項利器。想想,如果有一天當你打完你的報告或撰寫完一個不小的程式後才發現沒有存檔。這時,你會覺得天黑了一半,可能連飯都吃不下了;告訴你一個好消息,除了常用的 Office 文書軟體可將檔案存成 Excel 或 Word 檔外,LabVIEW 中的檔案存取函數也可將程式中的資料儲存成 Excel 或 Word 檔。只要將欲存取的檔案路徑位址透過 LabVIEW 中的路徑元件告訴檔案存取函數後,LabVIEW 便可將資料存成 Excel 或 Word 檔;當然也可以將 Excel 或 Word 檔的資料讀入 LabVIEW 的程式中。當完成後面的範例後,將學會三種存取動作:

(1) 將 LabVIEW 資料存成 Excel 檔。
(2) 讀取 Excel 檔案資料至 LabVIEW。
(3) 同步存取資料於 LabVIEW。

16-1　路徑

　　在開始介紹如何使用檔案存取時,先去拜訪路徑元件及檔案存取函數的家!LabVIEW 提供多種路徑可以找到它們,如圖 16-1 至圖 16-6 所示。

路徑控制元件：可以在人機介面上按滑鼠右鍵，在跳出的 Controls 面板上進入「Express → Text Ctrls」裡面取得 "File Path Control" 元件，如圖 16-1 所示。

圖 16-1　路徑顯示元件

 另外也可以在人機介面上按滑鼠右鍵，在跳出的 Controls 面板上進入「Modern → String & Path」裡面取得 "File Path Control" 元件，如圖 16-2 所示。

圖 16-2　路徑顯示元件

同時也可以在人機介面上按滑鼠右鍵，在跳出的 Controls 面板上進入「Express → Text Controls」裡面取得 "File Path Control" 元件，如圖 16-3 所示。

圖 16-3　路徑控制元件

 綜合復古式路徑元件：可以在人機介面上按滑鼠右鍵，在跳出的 Controls 面板上進入「Classic → String & Path」裡面取得古色古香的路徑控制元件，如圖 16-4 所示。

圖 16-4　綜合復古式路徑元件

路徑5 儲存檔案函數：可以在圖形程式區上按滑鼠右鍵，在跳出的函數 Functions 面板上進入「Programming → File I/O」裡取得 "Write Delimited Spreadsheet.vi" 函數，如圖 16-5 所示。

圖 16-5　儲存檔案函數

　　圖 16-6 為 Write Delimited Spreadsheet.vi 之接腳說明圖。圖 16-6 中，Write Delimited Spreadsheet.vi 函數能將二維或一維的數值資料寫入 Excel 試算表中。file path(dialog if empty) 是輸入 Excel 的路徑位址。transpose?(F) 則是轉換 Excel 表單中的資料格式 (True 是以行表示，False 是以列表示)。

圖 16-6　Write Delimited Spreadsheet.vi

路徑6　讀取檔案函數：可以在圖形程式區上按右鍵，在跳出的函數 Functions 面板上進入「Programming → File I/O」裡取得 "Read Delimited Spreadsheet.vi" 函數，如圖 16-7 所示。

圖 16-7　讀取檔案函數

圖 16-8 為 Read Delimited Spreadsheet.vi 之接腳說明圖。圖 16-8 中，Read Delimited Spreadsheet.vi 函數能將 Excel 試算表內的數值資料讀取至 LabVIEW 的圖表元件上。file path(dialog if empty) 是輸入 Excel 的路徑位址，以便讀取。transpose(F) 則是轉換 LabVIEW 的圖表元件欲讀取 Excel 表單中的資料格式 (True 是以行表示，False 是以列表示)。

圖 16-8　Read Delimited Spreadsheet.vi

16-2　使用

16-2.1　將資料存至 Excel

首先，要來學習如何將 LabVIEW 中的資料儲存成 Excel 檔。不用擔心，其實這並不困難，請如下步驟操作：(以下範例於光碟中有詳盡的多媒體教學影片輔助說明。)

STEP 1　首先，在電腦桌面上點選滑鼠右鍵來新增一個「Microsoft Excel 工作表」，如圖 16-9 所示。

圖 16-9

STEP 2　打開新增的 Excel 工作表後，點選上方工具列的 "檔案" 選項中的 "另存新檔"，之後會跳出儲存檔案的視窗，在 "存檔類型" 中選擇 "Excel 97-2003 活頁簿 (*.xls)"，檔案名稱取名為 ABC，並來儲存於電腦桌面上，如圖 16-10 所示。(由於 LabVIEW 與 *.xlsx 檔不相容，所以才需要另存為 *.xls 檔)

圖 16-10

STEP ③ 開啟 LabVIEW 至人機介面中取出兩個數值控制元件，分別命名為 "執行次數"
與 "資料範圍"。接著，再從人機介面中取出一個路徑控制元件，將其命名為
「Save As...」如圖 16-11 的人機介面所示。

圖 16-11

STEP ④ 接著，在圖形程式區上按滑鼠右鍵，在跳出的函數 Functions 面板上進入
「Programming → Numeric」裡取出乘法、亂數函數。再從「Programming →
File I/O」裡取出 Write Delimited Spreadsheet.vi 並於該函數的 "transpose?" 端
點連接 True Constant 元件。最後再呼叫 "For Loop" 以拖曳的方式包住。接著
將所有元件依圖 16-12 圖形程式區所示連接。

圖 16-12

注意事項

圖形程式區中的布林元件是用來決定儲存成Excel中的資料到底是以列排列或行排列。其中，"T" 代表以行排列，"F" 則是以列排列。另外，此程式會待 For Loop 裡面的程式執行完後，才一次將全部的資料傳達至Write Delimited Spreadsheet.vi裡面。

STEP 5 由於資料範圍是整數形式，必須將資料格式設定為整數 "I8"，如圖 16-13 即完成。

圖 16-13

STEP 6 現在，點選圖 16-14 人機介面中的路徑元件右邊之開啟檔案鍵 (📁)，去選取所建立的 ABC.xls 來儲存 LabVIEW 資料，如圖 16-14 所示。這時在人機介面的路徑元件上會顯示 ABC.xls 的位址，如圖 16-15 所示。

圖 16-14

STEP ⑦　這時將執行次數設為 60，資料範圍設為 100，　點選執行鍵後 LabVIEW 即可將
亂數資料存入 ABC.xls 檔案裡。

圖 16-15

STEP ⑧　接著開啟所存入的亂數資料 ABC.xls 檔案。會看到在 EXCEL 檔案中的資料正
如 LabVIEW 所產生的數據。在 EXCEL 畫面按滑鼠點選插入，在下方選單中
點選圖表，再來選擇散佈圖，點選內部選單中的 "帶有平滑線及資料標記的
XY 散佈圖"，如圖 16-16 所示。之後就會出現所選擇的圖表，其資料範圍為 0 ～
100，執行次數為 60(1 ～ 60)，如圖 16-17 所示。

圖 16-16

圖 16-17

16-2.2　開啟檔案資料至 LabVIEW

接下來，要來學習如何將 Excel 裡的資料開啟至 LabVIEW 的圖表中顯示。請如下步驟操作：(以下範例於光碟中有詳盡的多媒體教學影片輔助說明。)

STEP 1　首先，在人機介面中按滑鼠右鍵進入「Graph Indicators」裡取出一個"Waveform Graph"元件的圖表，再取出一個路徑控制元件將其命名為"檔案路徑"，如圖 16-18 所示。

圖 16-18

STEP 2 接著，在圖形程式區上按滑鼠右鍵，在跳出的函數 Functions 面板上進入
「Programming → File I/O」裡取出 Read Delimited Spreadsheet.vi 並於函數的
"transpose?" 端點連接 True Constant 元件。將圖形程式區裡面的元件與函數
依圖 16-19 所示連線，同時以路徑控制元件來決定讀取 ABC.xls 中的資料。

圖 16-19

STEP 3 完成上述動作後，設定檔案路徑並點選執行鍵。人機介面將如圖 16-18 所示。
這時就學會如何以 LabVIEW 的圖表顯示在 EXCEL 的資料了。讀者可以對照
圖 16-15 的 Excel 圖表與圖 16-20 是一致的，代表兩者之間資料傳遞正確。
(路徑位置請參照自己所存放位置)

圖 16-20

16-2.3　同步存取

最後，將前面兩個範例的程式串連起來，就可以在 LabVIEW 人機介面的圖表中顯示以亂數產生器傳送至 Excel 裡面的資料。請如下步驟操作：(以下範例於光碟中有詳盡的多媒體教學影片輔助說明。)

STEP 1 在 Write Delimited Spreadsheet.vi 函數的後面串接 Read Delimited Spreadsheet.vi 函數後連接 "New file path" 端點，並加入 "存至 Excel" 與 "讀檔至 LabVIEW" 所需其它元件並且如圖 16-21 的圖形程式區連接。

圖 16-21

STEP 2 點選執行鍵後，即可同步存取 LabVIEW 與 Excel 中的資料，如圖 16-22 所示。至於為何在執行次數後面串接一個 "+1" 函數，是為了讓圖表的 X 軸從 0 ～ 10 皆有資料產生，並沒有其它用意。

圖 16-22

(本書背後的光碟中有本章節的範例解答，請參照章節來選取資料夾)

聲音

　　聲音跟時間一樣在生命中佔了極重要的角色。假如你的耳朵現在還聽得見，那你更應該要好好愛惜你那寶貴的耳朵。因為聽力正常的你，一定不認識那一片寂靜沒有任何聲音的世界，而手語是那世界的語言。有空，讓你的耳朵聆聽柔和的音樂吧！這對你的身、心、靈都有極大的幫助。

　　聲音的應用有很多，例如捕魚的聲納、電梯的語音系統及火車、捷運上的語音系統……等。本章節要教導如何使用 LabVIEW 建立一個屬於自己的語音系統與警報器。可以把聲音函數當作 LED 那樣使用。當有信號給它時，則啟動語音或警報器。當做完後面的範例後，就會更認識它的。

17-1　Sound

17-1.1　路徑

在開始介紹如何使用聲音函數前，先去拜訪蜂鳴器函數的家吧！可以在圖形程式區上按滑鼠右鍵，在跳出的函數 Functions 面板上進入「Programming → Graphics&Sound」裡找到 "Beep.vi"（蜂鳴器）函數，如圖 17-1 所示。

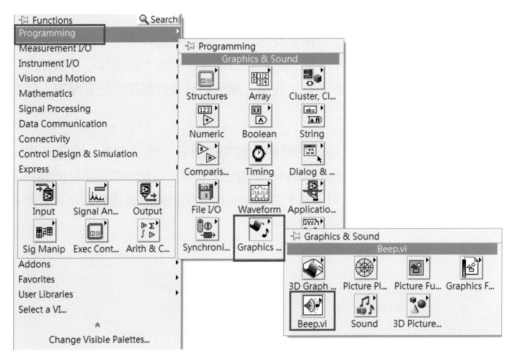

圖 17-1

17-1.2 蜂鳴器

現在，就來學習如何使用布林元件中的 Switch when pressed(開關) 元件來控制蜂鳴器是否發出警報聲。請如下步驟說明：

STEP 1 首先，從人機介面中的布林元件裡取出一個 Switch when pressed 類型開關，將其命名為 "啟動蜂鳴器"，如圖 17-2 的人機介面所示。

圖 17-2 人機介面

STEP 2 在圖形程式區上按滑鼠右鍵，在跳出的函數 Functions 面板上進入「Programming → Graphics & Sound」裡取出 Beep.vi(蜂鳴器)。在蜂鳴器的輸入端接上兩個數值元件來設定頻率與維持時間，再連接 False Constant 元件。完成後將它們放置於條件架構 (Case Structure) 中。接著，再從「Programming → Timing」裡取出一個 Wait(ms) 來，並連結一個數值控制延遲。最後再呼叫 While Loop 以拖曳的方式將其包住，並將其它元件依圖 17-3 的圖形程式區連接。

圖 17-3 程式畫面

如此一來,當點"單次執行"並打開開關後,蜂鳴器會發出 2000Hz 的警報聲。這裡之所以會在 While Loop 放置一個以數值固定元件串接的 Wait(ms),是因為迴圈執行的速度跟 CPU 一樣快,如果直接在迴圈中放至 Beep.vi 的話,音效卡會因無法與 CPU 同步而造成當機。所以,必須加入 Wait(ms) 函數來控制 (緩衝) 迴圈的執行速度。

 自我挑戰題 1:防空警報系統

國防部為了強化國軍的戰鬥力,定期展開大規模的軍事演習,演習的同時需啟動防空警報系統,功能如下:

1. 指揮官可設定演習開始的時間。
2. 可自訂演習時間的長短。
3. 當演習時,警報器 LED 亮且發出警報聲 (蜂鳴器)。
4. 顯示現在時間、起始時間及終止時間。

 請設計一程式以符合其功能

人機介面

17-2　啟動語音

17-2.1　路徑

如果認為 Beep.vi 的音效太為單調,以下的範例會教導如何使用布林元件來啟動所錄製的語音 (Wav 檔)。(以下範例於光碟中有詳盡的多媒體教學影片輔助說明。)

圖 17-4 是介紹 ActiveX Container 呼叫外部程式元件的家。可以在人機介面上按滑鼠右鍵，在跳出的控制 Controls 面板上進入「Modern → Layout」裡找到 "ActiveX Container" 函數。

圖 17-4

 另外一個路徑可經由「Classic → Layout」裡找到 "ActiveX Container" 函數，如圖 17-5 所示。在接下來的例題中會告知如何使用它。

圖 17-5

17-2.2　使用

準備好了嗎？深呼吸後，請如下步驟操作：

STEP 1 首先，在撰寫程式之前，如圖 17-6 所示，先從 Windows 的「附屬應用程式」中點選"錄音機"，之後會跳出錄音機應用程式。

圖 17-6

STEP 2 確定麥克風動作無誤後，點選紅色的錄音鍵即可開始錄製個人的語音，如圖 17-7 所示。

圖 17-7

STEP 3 接著將錄製好的聲音存成 .wav 檔或是 .wma 檔，如圖 17-8 所示。本節中所使用的檔案為 123.wav，並存在桌面上 (名稱與儲存路徑由使用者的習慣來做更改)。

圖 17-8

STEP 4 接下來，在人機介面上按滑鼠右鍵，在跳出的控制 Controls 面板上進入「Classic → Layout」裡取出 "ActiveX Container" 呼叫外部程式元件，如圖 17-9 所示並將其放置在人機介面上。

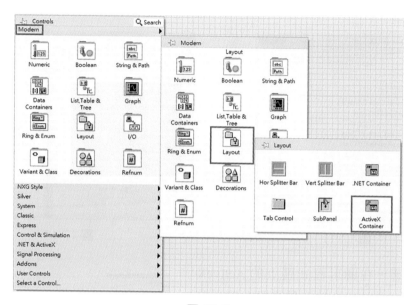

圖 17-9

STEP 5 在 ActiveX Container 元件上按右鍵，在跳出的選單中點選 "Insert ActiveX Object..." 如圖 17-10 所示。這個動作可以讓 ActiveX Container 元件中插入指定的外部程式。

圖 17-10

STEP 6 完成圖 17-10 的動作後，會跳出選單供選擇要插入 ActiveX Container 元件的外部程式，如圖 17-11 所示。點選 Windows Media Player 來播放先前錄製的 wav 檔，按下 OK 鍵後，ActiveX Container 元件則會變成 Windows Media Player 這一個播放器，如圖 17-12 所示。

圖 17-11

圖 17-12

STEP 7 接著，在圖形程式區上的 ActiveX Container 元件的上按滑鼠右鍵，在選單中點選「Create → Property for WMPLib.IWMPPlayer4.Class」 裡 "URL" ，如圖 17-13 所示。再來將 ActiveX Container 元件與 URL 的 reference 接點連結。

圖 17-13

STEP 8 在 URL 元件右上方接點 (reference out) 上按滑鼠右鍵，在選單中點選「ActiveX Palette」裡的 Close Reference 元件，如圖 17-14 所示。再將 URL 元件的 reference out 與 Close Reference 的 reference 做連結。

圖 17-14

STEP 9 接著，將 URL 由輸出轉成輸入。可以在 URL 上按滑鼠右鍵，在跳出的選單中點選 "Change To Write"，如圖 17-15 所示。

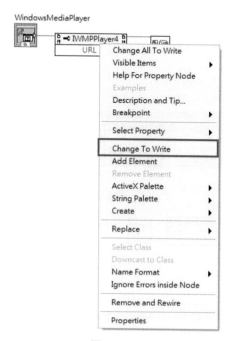

圖 17-15

STEP 10 當 URL 轉成輸入型態後，在 URL 上按滑鼠右鍵，在跳出的選單中點選「Create」裡面的 "Constant"，如圖 17-16 所示。

圖 17-16

STEP 11 完成圖 17-16 的動作後，在 URL 的前面產生一個固定式的檔案路徑控制元件，如圖 17-17 所示。接著，在之前儲放於桌面上的 123.wav 檔上按滑鼠右鍵，在跳出的選單中點選「內容」，再將其檔案路徑複製起來，如圖 17-18 所示。

圖 17-17

圖 17-18

STEP 12 將複製的檔案路徑貼在固定式的檔案路徑元件上，記得要加上檔名 \123.wav。再於 Close Reference 元件 error out 端上按滑鼠右鍵，在跳出的選單中點選「Create」裡面的 "Indicator"，如圖 17-19 所示。

圖 17-19

STEP 13 最後，再取出 Case Structure 函數和 While Loop 迴圈及 Stop Button 元件並依圖 17-20 所示連結。如此一來，便建立好一個屬於自己的語音播放系統。

圖 17-20

LabVIEW 程式設計

自我挑戰題 2：溫度警報語音系統

　　高雄海科大水產養殖系為了確保其養殖環境溫度不會過高，擬設計一個溫度警報語音系統，功能如下：

1. 隨機溫度範圍輸入。
2. 可自訂溫度上限。
3. 當輸入溫度高於上限時，啟動語音的 LED 亮同時啟動語音效果。

　　請設計一程式以符合其功能

人機介面

(本書背後的光碟中有本章節的範例與自我挑戰題的解答，請參照章節來選取資料夾)

分頁

　　分頁控制框 (Tab Control) 是在人機介面設計上一個重要的得力助手。相信有用過 Google 或 Firefox 網頁瀏覽器的人對分頁的架構與使用並不陌生。可以在網頁瀏覽器中新增分頁及關閉分頁,而每一個分頁皆可獨立連結任何網站。當點選分頁 1 時,視窗會出現分頁 1 所連結的網站;若點選分頁 2,則原來在視窗上的分頁 1 畫面會切換到分頁 2 所聯結的網頁。此時分頁 1 還是持續在運作,不會因點選分頁的不同而停止動作。就像在轉換電視台一樣,新聞台不會因為將頻道切換至體育台而停止播報新聞。LabVIEW 中的分頁架構也是如此。不同的程式在不同的分頁中執行,不會因為切換而停止,除非將分頁中的元件刪除或將分頁架構移除。在完成後面的設定與範例後,就會更認識它。

18-1 　路徑

　　在開始介紹如何使用分頁控制框 (Tab Control) 前,先去拜訪它的家吧! LabVIEW 提供多種路徑可以找到它,如圖 18-1 至圖 18-3 所示等路徑。

分頁控制框 1：可以在人機介面上按滑鼠右鍵，在跳出的控制 Controls 面板上進入「Modern → Layout」裡取得 "Tab Control"，如圖 18-1 所示。

圖 18-1　分頁控制框 1

 分頁控制框 2：可以在人機介面上按滑鼠右鍵，在跳出的控制 Controls 面板上進入「System → Layout」裡取得 "System Tab Control"，如圖 18-2 所示。

圖 18-2　分頁控制框 2

路徑3　復古式分頁控制框：可以在人機介面上按滑鼠右鍵，在跳出的控制 Controls 面板上進入「Classic → Layout」裡取得 "Tab Control"，如圖 18-3 所示。

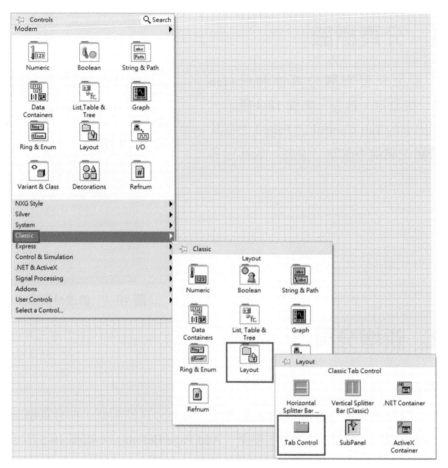

圖 18-3　復古式分頁控制框

18-2　使用

18-2.1　分頁標籤

　　現在，要來學習有關分頁控制框 (Tab Control) 的一些設定。首先，如圖 18-4 所示，可以在呼叫出來的 Tab Control 之 Page 1 上在其標籤上按滑鼠左鍵兩下改為 "溫度" 或其它名稱。

圖 18-4　修改分頁標籤名稱

18-2.2　新增分頁

1.　新增在前

　　接著，來學習如何在分頁架構的前面與後面增加分頁控制框。在分頁框架上的標籤 (Page 2) 按滑鼠右鍵，在跳出的選單中點選「Add Page Before」，如圖 18-5 所示。完成此動作後會在 Page 2 框架前新增一個 Page 3 的分頁框，如圖 18-6 所示。

圖 18-5　新增分頁在前

圖 18-6　新增分頁

2. 新增在後

也可在分頁框架上的標籤 (Page 2) 按滑鼠右鍵，在跳出的選單中點選 Add Page After，如圖 18-7 所示。會在 Page 2 框架後新增一個 Page 3 的分頁框，如圖 18-8 所示。

圖 18-7　新增分頁在後

圖 18-8　新增分頁

3. 複製此頁到下頁

再來，來學習如何複製分頁控制框中的文件於下一個分頁框中。首先，在溫度分頁中建立一個數值控制溫度計程式，接著在分頁框的標籤 (Page 1) 上按滑鼠右鍵，在跳出的選單中點選「Duplicate Page」後，如圖 18-9 所示。在分頁框溫度分頁上的元件即會複製在新分頁框上，接著依圖 18-10 所示連接即完成。

圖 18-9　複製分頁

圖 18-10　複製後

18-2.3 移除分頁

1. 移除指定分頁

　　最後，要來學習如何刪除指定的分頁框或移除整個分頁框架構。假如想指定刪除 Page2，可以在標籤 (Page2) 上按滑鼠右鍵，在跳出的選單中點選「Remove Page」，如圖 18-11 所示。如此一來，分頁架構就如圖 18-12 所示，只剩下未刪除的分頁框，而被刪除的 Page 2 中的元件也會一併刪除喔！

圖 18-11　移除指定分頁　　　　圖 18-12　移除後

2. 移除整個分頁框架

　　或者，可以如圖 18-13 所示，在跳出的選單中點選「Remove Tab Control」便可移除整個分頁框，但分頁架構中的元件並不會消失，如圖 18-14 所示。

圖 18-13　移除整個分頁　　　　圖 18-14　移除後

18-2.4 平行控制分頁

　　分頁控制框幫助在人機介面的設計上，可以節省排版的空間。同時它也可轉換成顯示框來做平行控制分頁的功能，只要將元件拉入分頁框中即可。當完成此範例後，分頁框的使用便沒有問題。請如下步驟操作：(以下範例於光碟中有詳盡的多媒體教學影片輔助說明。)

STEP ① 首先，在人機介面上取出兩個分頁架構、"Horizontal Pointer Slide"、"Thermometer" 及 "Waveform Chart" 元件並放置於分頁 Page1 上，接著依照圖 18-15 連接。

STEP ② 在人機介面取出 "Horizontal Pointer Slider"、"Waveform Chart" 及 "Tank" 元件放置於 Page2 依圖 18-16 連接。

圖 18-15　Page1 程式畫面

圖 18-16　Page2 程式畫面

STEP 3 接著要將下方的分頁修改成接收端 (顯示用)。在圖形程式區中一個分頁架構
上按滑鼠右鍵，在選單中點選「Change to Indicator」，使一個為控制端，另一
個為接收端 (顯示用)，如圖 18-17 所示。

圖 18-17　轉換為控制元件　　　　　　　　圖 18-18　程式畫面

STEP 4 最後，在程式執行時，在分頁控制框上點選 Page1(溫度控制器)，此時，分頁
顯示框會顯示 Page1 溫度圖表。若在分頁控制框上點選 Page2(水塔控制器)，
則分頁顯示框就會顯示 Page2 的水量圖表，如圖 18-18 的人機介面所示。

(本書背後的光碟中有本章節的範例解答，請參照章節來選取資料夾)

裝飾元件

同一個人，穿西裝打領帶時一定比穿 T 恤時來的成熟穩重。雖然，他本身本質不變，但給人的印象一定會因穿著有所差別。同理，LabVIEW 中的裝飾元件就像人機介面的衣服一樣，搭配的適當能使人機介面更令人賞心悅目也更專業化。不然就算再好的程式也會因人機介面欠缺設計而打了折扣，相信沒有一個人希望如此。當學會後面的裝飾元件之使用後，也可以為自己的人機介面量身打造一套適當的禮服。

19-1.1 路徑

在開始介紹裝飾元件前，先去拜訪它的家吧！

可以在人機介面上按滑鼠右鍵，在跳出的 Controls 面板上進入「Modern → Decorations」中找到區塊元件及線條元件，如圖 19-1 所示為區塊元件的路徑。

圖 19-1　區塊元件

19-1

19-1.2 使用

1. 調整大小

從 Controls 面板上進入「Mondern →
Decorations」裡呼叫出"Vertical Smooth Box"
元件後，區塊元件會如圖 19-2 所示，在區塊上
會有八個方點供調整其大小。

2. 區塊前後之轉換

LabVIEW 中的人機介面元件如果與區塊元
件重疊，則較早被呼叫出來的元件 (Gauge 儀
表元件) 會被比它晚被呼叫的區塊元件所遮蓋
掉。為了使 Gauge 元件能在區塊元件上而不被
遮蓋，可以在執行工具列上的 Reorder 表單中
將區塊元件「Move To Back」。如此一來，儀
表元件便可顯示在區塊之前，如圖 19-3 所示。

圖 19-2

圖 19-3　將儀表顯示在區塊之前

3. 固定區塊

當然，也可以將區塊元件固定在適當的位置。在執行工具列上的 Reorder 下拉式選單中點選「Lock」，如圖 19-4 所示。該元件的邊框會變成黑色的虛線，此時在設計人機介面時，就不用擔心會移動區塊元件。

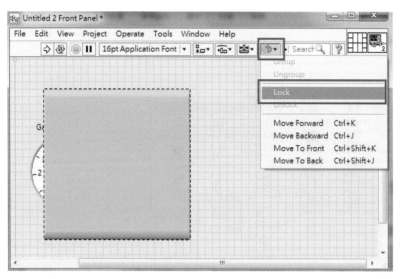

圖 19-4　鎖住元件

如果想將已固定的區塊元件移位，可以在執行工具列上的 Reorder 下拉式選單中點選「Unlock」，如圖 19-5 所示。該元件邊框會變成黑白的虛線，此時便可以將區塊移動至想要的位置。

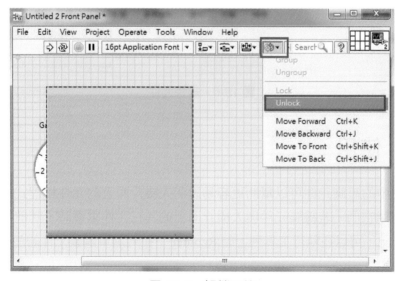

圖 19-5　解鎖元件

19-2　線條

19-2.1　路徑

接著，來拜訪線條工具的家。可以在人機介面上按滑鼠右鍵，在跳出的 Controls 面板上進入「Modern → Decorations」裡找到它們，如圖 19-6 所示。

圖 19-6　線條元件

19-2.2　使用

裝飾元件中的線條元件可以幫助更容易說明人機介面上的元件與程式流程。可以依自己的需要使用它們。若線條元件與人機介面上的其它元件重疊時，其前後位置若不符合需求，別忘記，可以在執行工具列上的 Reorder 下拉式選單調整元件的前後順序。

編輯元件

在 LabVIEW 中，除了人機介面本身內建的控制元件及顯示元件外，也可以依使用者的特別需求來改變內建的控制元件及顯示元件的外貌。做法很簡單，只要將指定的圖片插入人機介面的元件即可。而盡量使用解析度較小的圖片，因為如果插入的圖片解析度太大，所插入的圖片在人機介面上必須拉得很大才會清楚。本章節將要來學習如何建立一個屬於自己的人機介面元件。

編輯元件有兩種作法，結果都一樣，以下分別以兩個範例做說明。

20-1 Slide

首先，要來學習如何改變控制元件 Slide 的控制閥。(以下範例於光碟中有詳盡的多媒體教學影片輔助說明。) 請如下步驟操作：

STEP ① 在人機介面中取出一個數值控制元件 "Slide" 與數值顯示元件 "Tank"，以 Slide 來控制 Tank 的顯示，如圖 20-1 所示。

圖 20-1 程式畫面

STEP 2　在數值控制元件 Slide 上按滑鼠右鍵，在選單中點選「Advanced」裡的 "Customize..." ，如圖 20-2 所示。

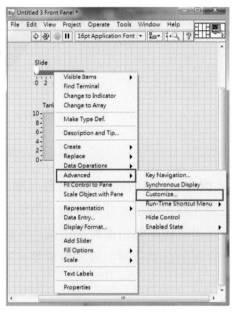

圖 20-2　點選 Customize

STEP 3　點選之後會跳出一個元件編輯視窗 (新視窗)，接著將換掉調整桿的圖。在元件編輯視窗上方點選扳手圖示，如圖 20-3 所示，則 Slide 元件即可變成編輯模式，如圖 20-4 所示。

圖 20-3　進入元件編輯模式

圖 20-4　元件編輯模式

STEP 4 接著，在 Slide 元件控制桿上按滑鼠右鍵，在跳出的選單中點選 "Import from File..." ，如圖 20-5 所示。此時會跳出選取的畫面，可選擇任何喜歡的圖案載入 (此處的圖檔請上網搜尋)。如此一來，控制桿圖示會變成載入的圖案，如圖 20-6 所示。

圖 20-5　載入檔案

圖 20-6　載入後

STEP 5 完成圖 20-6 後即可關閉編輯視窗。此時會跳出對話框如圖 20-7 所示，詢問
是否要用編輯好的 Slide 元件替換先前在人機介面上的 Slide 元件，只需點選
"yes" 即可儲存。

圖 20-7　取代原始圖案

完成後，原本在人機介面 Slide 元件的控制桿則會變成您所載入的圖案，如圖 20-8
所示。

圖 20-8　程式畫面

20-2　LED

　　接下來，要來學習如何改變 LED ON/OFF 的顯示。請如下步驟操作：(在開始前，請先將書本內附光碟範例程式檔案中的 "定時打水系統 .vi"、"不動的水車 .jpg" 及 "動作的水車 .gif" 等檔案複製至電腦桌面上)(以下範例於光碟中有詳盡的多媒體教學影片輔助說明。)

STEP 1 首先，開啟光碟中【3.範例＋自我挑戰題程式\20章 編輯元件\範例解答】的「定時打水系統 .vi」。接著將換掉 LED OFF 的圖。在 LED 處於 OFF 時，在該元件上按滑鼠右鍵，在跳出的選單中點選「Advanced」裡面的 "Customize..." 進行元件的編輯，如圖 20-9 所示。

圖 20-9　**點選** Customize...

STEP ② 點選一個像扳手的圖示 🔧 將視窗切換至 Customize 編輯模式,如圖 20-10 所示,即可進行 LED 元件編輯。接著對 LED OFF 的圖示按滑鼠右鍵,選取 "Import from File..." 載入圖示,如圖 20-11 所示。

圖 20-10　進入元件編輯模式

圖 20-11　載入檔案

STEP ③ 從光碟片【3.範例 + 自我挑戰題程式 \20 章 編輯元件 \ 範例解答 \ 圖檔】內選擇一個「不動的水車 .jpg」來載入 LED OFF 時的狀態圖示,如圖 20-12 所示。如此一來,LED OFF 會被先前載入的圖片 "不動的水車 .jpg" 所取代,如圖 20-13 所示。接著再點選一個像鑷子的圖示 ✏,將視窗切換至 Customize Mode 以便進行 LED ON 時的編輯。

圖 20-12　點選檔案

圖 20-13　圖片載入

STEP 4 先將 LED 的狀態調至 ON，來指定 LED ON 時所要顯示的圖片。接著點選一個像扳手的圖示 🔧 將視窗切換至 Customize 編輯模式，如圖 20-14 所示。再來對 LED ON 的圖示按滑鼠右鍵，在選單中點選「Import from File...」，如圖 20-15 所示，並選取 " 動作的水車 .gif " 來更換 LED ON 時的狀態圖示，如圖 20-16 所示。

圖 20-14　進入元件編輯模式

圖 20-15　載入檔案

圖 20-16　點選檔案

STEP 5 載入後，即可看到 LED ON 時的狀態圖示變成了 "動作的水車" 圖案，如圖 20-17 所示。關閉編輯視窗後會跳出一個對話框，如圖 20-18 所示，詢問是否要用編輯好的 LED 元件替換先前在人機介面上的 LED 元件。在圖 20-18 點選 "Save" 則原本在人機介面上的 LED 元件就變成了水車的圖示。

圖 20-17　圖片載入

圖 20-18　取代原始圖案

STEP 6 點選 "單次執行" 後，當「定時打水系統」的 LED ON 時會出現 "動作的水車"，反之則出現 "不動的水車"，如圖 20-19 與圖 20-20 所示。此處時間函數作用為設定打水時間及電腦現在時間。

圖 20-19　水車關閉

圖 20-20　水車開啟

(本書背後的光碟中有本章節的範例解答，請參照章節來選取資料夾)

程式 IC 化 sub.vi

21-1 製作副程式 (sub.vi)

在 LabVIEW 中,除了圖形程式區中內建的函數外,也可以建立一個適合自己使用的函數。這就好像燒錄 IC 一樣,將已設計好的電路或程式燒進一個 IC 裡。可以將圖 21-1 中間的四個邏輯閘轉成一個 Icon,如圖 21-2 所示,使其功能與圖 21-1 一樣。這並不困難,只要跟著本章節的步驟操作,便能輕鬆的建立屬於自己的副程式 (sub.vi)。(以下範例於光碟中有詳盡的多媒體教學影片輔助說明。)

圖 21-1

圖 21-2

STEP 1 首先，從本書附贈光碟【3. 範例 + 自我挑戰題程式 \21 章 程式 IC 化 sub.vi\ 範例】中開啟考生錄取系統 .vi 的程式來建立一個功能相同的副程式。接著看到如圖 21-3 所示，右上方有一個連結器的圖案。

圖 21-3

STEP 2 若覺得此連結器不符合需求，也可以在連結器圖示上按滑鼠右鍵，在跳出的選單中點選 Patterns，選擇適合的連結器。此時，因為考生錄取系統的人機介面上共有四個輸入元件與三個輸出元件，所以也選擇具四個輸入、三個輸出的連結器來當作副程式的接腳，如圖 21-4 所示。

圖 21-4

STEP 3 接著，設定連結器接腳的定義。首先，先點連結器的接腳，再點人機介面上的元件 (點滑鼠左鍵)，此時連結器上的接腳會出現被點選元件的資料類型顏色 (如布林為綠色)，如圖 21-5 所示。

圖 21-5

STEP 4 當連結器的所有接腳定義完後，連結器會如圖 21-6 所示。接著將設定好的副程式 "另存" 至自訂路徑 (此處所儲存的路徑為 C:\Users\user\Desktop\ 程式)，以便呼叫至圖形程式區中使用，如圖 21-7 所示。

圖 21-6　　　　　　　　　　　　　　　　　　圖 21-7

STEP ⑤ 開啟一個新的 VI，在圖形程式區上按滑鼠右鍵，在跳出的函數面板上點選 Select a VI... 呼叫已設定並儲存好的副程式，如圖 21-8 所示。當點選 Select a VI... 則會出現 Select the VI to Open 的視窗，如圖 21-9 所示，供呼叫之前設定好連結器的副程式 "考生錄取系統"。

圖 21-8   圖 21-9

STEP ⑥ 當呼叫出已設定好連結器的 "考生錄取系統" 後，被呼叫出來的 Icon 則如圖 21-10 所示，共有四個輸入，三個輸出，其接腳內容與先前設定的一模一樣。

注意事項

先前如果所建立的副程式 "考生錄取系統" 中，若有迴圈架構，則建立好的副程式也會有迴圈在裡面。雖然表面上只是一個 Icon，其實裡面的程式與先前的一樣。如果不將原有的迴圈架構移除的話，而又在主程式外面加一層迴圈，則不能執行主程式，因為有兩個迴圈重疊了。

圖 21-10

STEP 7 可以在呼叫出來的 Icon 圖示上按滑鼠左鍵兩下，進去 Icon 的圖形程式區中 (副程式)，將其迴圈架構移除，如圖 21-11 所示。之後再回到主程式中，將元件按照副程式所建立的定義接腳做連接，如圖 21-12 所示，並加入迴圈即大功告成。

圖 21-11

圖 21-12

21-2　sub.vi 圖形外觀編輯

當然也可以在人機介面右上角的圖示上按滑鼠右鍵 (或是程式區右上角)，在跳出的選單中點選 Edit Icon...，如圖 21-13 所示。

圖 21-13

按下 Edit Icon... 選項後，視窗會出現 Icon Editor 的設定面板。此面板共有四個表單，分別是 Templates、Icon Text、Glyphs、Layers，如圖 21-14 所示。每個表單都有不同的方法來編輯圖示。

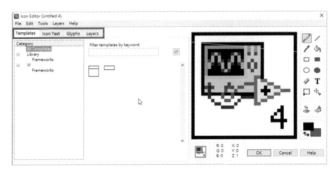

圖 21-14

1. 編輯工具

在此圖示編輯框的右邊可以發現許多編輯圖像的工具,如圖 21-15 所示。其功能分別敘述如下。

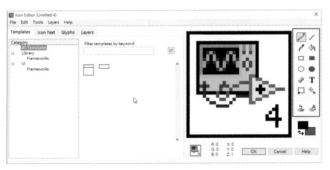

圖 21-15

畫筆 (Pencil):描畫或是顏色選擇白色即可消除圖案。

線段 (Line):劃直線。

顏色選擇 (Dropper):可以從現有的物件上取出顏色,再使用著色工具將顏色貼到另一個物件上。

填入色彩 (Fill):將線顏色填入編輯框內任一區塊。

矩形 (Rectangle):可用線顏色拉出一矩形,若在此工具上連點左鍵兩下,則編輯框的周圍會出現線顏色。

矩形填滿 (Filled Rectangle):使用線顏色拉出一矩形的框,同時以填入顏色填滿框內。若在這工具上連點左鍵兩下,編輯框內的周圍變成線顏色,而框內則被填入顏色充滿。

橢圓形 (Ellipse):可用線顏色拉出一圓形,若在此工具上連點左鍵兩下,則編輯框的周圍會出現線顏色。

橢圓形填滿 (Filled Ellipse):使用線顏色拉出一圓形的框,同時以填入顏色填滿框內。若在這工具上連點左鍵兩下,編輯框內的周圍變成線顏色,而框內則被填入顏色充滿。

橡皮擦 (Eraser)：消除編輯的圖案。

文字 (Text)：輸入文字。

選擇 (Select)：可在編輯框內選取一區塊使之移動與著色。

移動 (Move)：可將圖片在編輯框內自由的移動。

左右翻轉 (Horizontal Flip)：將編輯框內的圖案向左或向右翻轉。

順時針旋轉 (Clockwise Rotate)：將編輯框內的圖案順時針旋轉。

線顏色與填入顏色 (Line Color/Fill Color)：顯示線顏色與填入顏色，可在其中一項點選滑鼠左鍵，就會出現色板供改變顏色，如圖 21-16。

圖 21-16

2.　Templates 面板

此表單共有二種方式可以修改圖示，如圖 21-17 所示。

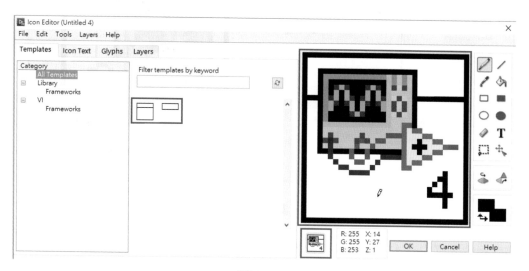

圖 21-17

3. Icon Text 面板

此表單可以將文字編輯在圖示每一列上，如圖 21-18 所示。

圖 21-18

4. Glyphs

此表單有多種不同的圖案可以插入到圖示。點選想要的圖示，按一下滑鼠左鍵再移到圖示上，再按一下滑鼠左鍵，即可將圖片放置在圖示中，如圖 21-19 所示。

圖 21-19

(本書背後的光碟中有本章節的範例解答，請參照章節來選取資料夾)

Include 子 VI ─
包裝成 llb 檔

當在 LabVIEW 中使用一個以上的副程式來建構主程式時，必須將主程式與副程式存成一個 .llb 檔，以便在其它電腦也可使用主程式裡面的副程式。若是沒有存成 .llb 檔，則其它台電腦會因找不到副程式而無法執行主程式。至於如何建立一個 .llb 檔，請如下步驟操作：(以下範例於光碟中有詳盡的多媒體教學影片輔助說明。)

STEP 1 在此，以之前完成的考生錄取系統為例，可以在主程式的人機介面上的 File 下拉式選單中點選 Save As... 將建立好的程式 (內有副程式) 存成一個 .llb 檔，如圖 22-1 所示。

圖 22-1

STEP 2 完成圖 22-1 的動作後，會跳出另一個視窗，點選 Copy 裡的 Substitute copy for original，按 Continue...，如圖 22-2 所示。

圖 22-2

STEP 3 再來會跳出另一個視窗，先點選右下角的 New LLB...，如圖 22-3(a) 所示。再來輸入檔案名稱並 Create 檔案，最後點選 OK 就可以了。點選 OK 後將會跳出圖 22-3(b) 的視窗。請先將下方的下拉式選單點開，再來點選 View All，選擇完後點選 OK，即可完成建立 .llb 檔。

(a)   (b)

圖 22-3

完成圖22-3(b) 的動作後，在存放檔案的資料夾中將會出現一個考生錄取系統 .llb 檔。其圖示與原本的考生錄取系統 .vi 的圖示不一樣，如圖 22-4 所示。.llb 檔的圖示中有許多的 vi 圖示，而 .vi 檔的圖示則只有一個 vi 圖示。

圖 22-4

STEP ④ 點選開啟考生錄取系統 .llb 檔後，將會出現如圖 22-5 的視窗。表示裡頭已夾帶了考生錄取系統副程式。

圖 22-5

若是沒有依上述步驟夾帶副程式而直接另存新檔 (Save As...) 的話 (直接點選 OK 的話)，如圖 22-6 所示，當在其它台電腦上執行考生錄取系統時，就會發生程式找不到你之前建立的副程式並展開搜尋，如圖 22-7 所示。

圖 22-6

圖 22-7

　　主程式將無法執行。當按下 "單次執行" 後，將會跳出錯的視窗並告知訴你此程式的錯誤原因是什麼，如圖 22-8(a) 所示。當開啟圖形程式區後，會看到圖 22-8(b) 的 Icon 是以 "?" 來表示，這就代表程式找不到這個檔案。

(a) 執行後顯示錯誤訊息

(b) 圖形程式區

圖 22-8

建立執行檔 exe 檔

由 LabVIEW 設計完成的程式可以將其轉成執行檔，使沒有安裝 LabVIEW 的電腦也可以執行 VI 程式。這有點像建立一個自我解壓縮檔一樣。

23-1　建立 LabVIEW 執行檔

(以下範例於光碟中有詳盡的多媒體教學影片輔助說明。)

STEP 1　首先，在本書的附贈光碟中【3. 範例 + 自我挑戰題程式 \23 章建立執行檔 exe 檔 \ 範例解答 \ 建立 LabVIEW 的執行檔】開啟 fisher4.vi，或者其它想轉成執行檔的 VI 程式。在這裡以 fisher4 為例，在人機介面的 Tools 下拉式選單中點選 Build Application(EXE)from VI...，如圖 23-1 所示。

圖 23-1

STEP 2 當完成圖 23-1 的動作後，會出現一個 Build Application from VI 的面板，如圖 23-2 所示。按下 Continue，此時會出現 fisher4 Properties 面板，此面板共有 13 個表單，分別是 Information、Source Files、Destinations、Source File Settings、Icon、Advanced、Additional Exclusions、Version Information、Windows Security、Shared Variable Deployment、Run-Time Languages、Web Services、Pre/Post Build Actions、Preview，點選 Information，可在 Target filename 中設定執行檔的檔名，在 Destination directory 中選擇將執行檔儲存在指定位置，之後選 Source Files 選項，如圖 23-3 所示。

圖 23-2

圖 23-3

STEP 3 點選 Source Files 之後，會出現圖 23-4(a) 的畫面。首先，在 Source Files 的左邊視窗會有 fisher4.vi， Startup VIs 中的向右選項，點選 Build 之後，執行檔就建立完成了。圖 23-4(b) 為 fisher4.exe 執行檔的路徑。

(a)

(b)

圖 23-4

23-2 安裝 Run-Time Engine

　　Run-Time Engine 是一種開啟 LabVIEW 執行檔的工具程式。將 LabVIEW 的執行檔安裝在一台沒有安裝 LabVIEW 軟體的電腦時，必須先建立一個工具程式 Run-Time Engine 給它。當那台沒有安裝 LabVIEW 軟體的電腦開啟 Run-Time Engine 後，該電腦便可開啟 LabVIEW 的執行檔了。若還要傳送至其它電腦則必須再建立工具程式 Run-Time Engine 給沒有安裝 LabVIEW 軟體的其它電腦。

STEP 1　先將存放 fisher4.exe 執行檔的資料夾開啟，再開啟資料夾中的 "fisher4.lvproj"，接著在 Build Specification 上按滑鼠右鍵，選擇「New → Installer」來安裝 Run-Time Engine，如圖 23-5 所示。

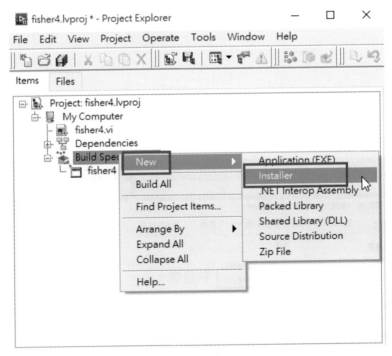

圖 23-5

STEP 2 在 Category 內選擇 Additional Installers 之後，勾選 NI LabVIEW Runtime 2015 f3，如圖 23-6 所示。

圖 23-6

STEP 3 在 Category 內選擇 Product Information 選項，再選擇欲存放 Run-Time Engine 的位置 (路徑請自行設定)，再點選 OK， 如圖 23-7 所示。

圖 23-7

STEP 4 最後，在 My Installer 上按滑鼠右鍵點選 Build 選項後，如圖 23-8 所示即可產生 Run-Time Engine 的執行檔，如圖 23-9 所示。

圖 23-8

圖 23-9

STEP 5 若電腦已安裝 LabVIEW 或之前就有安裝 Run-Time Engine 程式，就可直接開啟 fisher4.exe。若沒有以上兩者條件，則必須安裝 [自訂路徑 \My Installers\ Volume] 資料夾裡 Setup.exe 來安裝 Run-Time Engine，如圖 23-10 所示。

圖 23-10

fisher4 執行檔開啟後，使用者不能修改圖形程式區中的內容也無法在 Windows 下拉式選單中將畫面由人機介面切換至圖形程式區，如圖 23-11 所示。

圖 23-11

23-3　專案練習

23-3.1　溫度監控系統

　　台中新社花農為了照顧草寮的杏鮑菇，擬設計一個室內溫度監控系統，功能如下：

1. 溫度的上、下限可自訂且要顯示上、下限的值。
2. 輸入的溫度以隨機方式產生。
3. 輸出的溫度以溫度計及數值表示。
4. 判斷溫度是否過高、過低或正常並以燈號顯示。

5. 以圖表顯示上、下限與隨機輸入的資料。

6. 當溫度過高時啟動冷氣(動作時間長短可自訂，此時代表冷氣的 LED 亮)。當溫度過低時啟動暖氣(動作時間長短可自訂，此時代表暖氣的 LED 亮)。
7. 擷取頻率可自訂。

8. 要啟動監控才可執行此系統。

符合前面 8 項功能要求的整個溫度監控系統的人機介面，如圖 23-12 所示。

圖 23-12

23-3.2 設計步驟

接下來，就來學習如何在圖形程式區中設計出第 1 ～ 4 項與第 8 項的功能。請如下步驟操作：

STEP 1 首先，在人機介面的控制面板中取出三個數值控制元件，分別命名為 "溫度上限"、"溫度下限" 與 "自訂隨機輸入"，再取出四個數值顯示元件 (其中兩個不命名，一個命名為 "現在溫度"，一個為 "溫度計")。接著，再從控制面板裡面取出一個類型為 Switch when pressed 的開關，將其命名為 "啟動監控"，再取出三個 LED，分別命名為 "過高"、"正常" 及 "過低"，如圖 23-13 的人機介面所示。

STEP 2 接著，在圖形程式區的函數面板上「Programming」的 Numeric 函數區、Boolean 函數區及 Comparison 函數區裡分別取出一個亂數函數、一個乘函數、一個 AND 閘、兩個 NOT 閘、一個大於等於元件及一個小於等於元件。

STEP 3 在圖形程式區中把人機介面上的元件及呼叫出來的函數連接成如圖 23-13 的圖形程式區所示。接著再呼叫出 Case Structure 將其框住 (在 True 框架內) 並將 "啟動監控" 的元件串接至 Case Structure 的控制接點上。最後再呼叫出一個 While Loop 將其包住，如圖 23-13 的圖形程式區所示，便完成溫度監控系統的 1 ～ 4 項與第 8 項之功能。

圖 23-13

接著，馬上進行第 5 項功能的設計。請如下步驟操作：

STEP 4 在圖形程式區上點滑鼠右鍵，在跳出的函數面板上進入「Programming → Cluster」裡取出一個 Bundle 函數，將其放置在之前呼叫出的 Case Structure 的 True 框架中。接著依照圖 23-14 的人機介面中的圖表元件上的上限、溫度、下限之順序，也在圖形程式區中將資料按照上限、溫度、下限依序輸入至 Bundle 函數上。最後 Bundle 的輸出再串接圖表元件，如圖 23-14 的圖形程式區所示。如此一來，便完成了溫度監控系統的第 5 項功能。

圖 23-14

接下來，進行第 6 項功能的設計。還記得 One Shot 延遲嗎？(第 14 章時間範例) 沒錯，要使用 One Shot 來達成溫度監控系統的第 6 項功能，請如下步驟操作：

STEP 5 首先，開啟一個新的 VI，接著在人機介面的控制面板裡取出一個數值控制元件，將其命名為 "設 定 延 遲 分 鐘"。 接著， 再取出一個類型為 Switch when release 的按鈕開關，將其命名為 "One Shot" 與一個 LED 燈飾，如圖 23-15 的人機介面所示。

STEP 6 接著，在圖形程式區函數面板上的「Programming」內，分別在 Numeric 函數區、Boolean 函數區與 Time & Dialog 函數區中取出一個乘函數、一個布林轉數值函數、兩個 NOT 閘及一個 Elapsed Time 函數來，並將其連接成如圖 23-15 的圖形程式區所示。

圖 23-15

因為 One Shot 的程式設計在圖形程式區中佔的空間大，為了使 One Shot 在圖形程式區中能更簡潔，必須將 One Shot 轉成一個 sub.vi。請如下步驟操作：

STEP 7　若覺得連結器的接腳不合需求，可以在連結器圖示上按滑鼠右鍵，在跳出的選單中進入 Patterns 裡面選擇適合 One Shot 的連結器。在此 One Shot 的人機介面上共有兩個輸入元件與一個輸出元件，所以也選擇具兩個輸入和一個輸出的連結器來當作副程式之接腳，如圖 23-16 所示。

圖 23-16

STEP 8　接著，來定義連結器的接腳。首先，點選連結器的接腳再點選人機介面上的元件，此時連結器上的接腳會出現點選元件的資料類型顏色 (如布林為綠色)，如圖 23-17 所示。當連結器的接腳定義完後，連結器則會如圖 23-18 所示。

圖 23-17　　　　　　　圖 23-18

STEP 9 定義完 One Shot 的連結器接腳後，將設定好的 One Shot 副程式另存至指定的
位置 (如桌面，存放位置可自訂)，如圖 23-19 所示。將 One Shot 副程式存放
至桌面，以便在溫度監控系統的圖形程式區中呼叫出來使用。

圖 23-19

STEP 10 接著，回到溫度監控系統的圖形程式區上按滑鼠右鍵，在跳出的函數面板上點
選 "Select a VI..." 以便呼叫已設定好連結器的 One Shot 副程式，如圖 23-20
所示。完成圖 23-20 的動作後會出現一個 Select the VI to open 的視窗供呼叫先
前設定好的 One Shot 副程式，如圖 23-21 所示。

圖 23-20   圖 23-21

STEP 11　接著重複步驟 5 ～ 9，再建立一個 One Shot 副程式使溫度監控系統的圖形程式區中有兩個 One Shot 副程式，一個為冷氣延遲，一個為暖爐延遲。

注意事項

若將同一個 One Shot 副程式呼叫兩次，使其一個為冷氣延遲，另一個為暖氣延遲，如此一來，只要冷氣或暖氣其中一個被啟動，則兩者都會被啟動，因為使用同一個副程式，所以必須再重做一個 One Shot副程式才可使其動作區分開來。

STEP 12　在人機介面的控制面板中取出兩個數值控制元件，分別命名為 "設定冷氣分鐘" 與 "設定暖氣分鐘"，再取出兩個 LED，分別命名為 "冷氣啟動" 與 "暖氣啟動"，如圖 23-22 的人機介面所示。

STEP 13　將各元件連接成如圖 23-22 的圖形程式區所示。如此一來，便完成溫度監控系統的第 6 項功能。

圖 23-22

最後，就只剩第 7 項的功能了。請如下步驟操作：

STEP 14 首先，在人機介面的控制面板中取出一個旋鈕式的數值控制元件，將其命名為 "擷取頻率" (sec)，如圖 23-23 的人機介面所示。

STEP 15 在圖形程式區的函數面板裡面取出一個乘函數與一個 Wait Next ms Multiple 函數，將其連接成如圖 23-23 的圖形程式區所示。如此一來，一個完整的溫度監控系統就呈現在面前。

圖 23-23

自我挑戰題 1：樂透機

 請設計一程式符合下述功能

1. 可隨機產生 7 個不重複號碼 (包含特別號)。
2. 可自選樂透號碼。
3. 可顯示押中數。

人機介面

自我挑戰題 2：跑馬燈 (雙向可變)

 請設計一程式符合下述功能

1. 可左右切換跑馬燈之方向。
2. 跑馬燈共 10 個燈，切換瞬間若向右亮到第 2 個燈時則由第 2 個燈向左亮回去，以此類推。
3. 按下 STOP 鍵時則馬上停止程式。

人機介面

 自我挑戰題 3：七段顯示

 請設計一程式符合下述功能

顯示 For Loop 的迴圈執行次數，以七段顯示到百位數。

人機介面

自我挑戰題 4：指針時鐘

 請設計一程式符合下述功能

1. 顯示指針時鐘及數位時鐘。

2. 數位時鐘每隔數秒可自動顯示今天日期，如 16/03/11(日期) 跳至 01/33/58(時間)。

3. 含鬧鐘功能。

4. 含對話框提示功能。

人機介面

(本書背後的光碟中有本章節的範例與自我挑戰題的解答，請參照章節來選取資料夾)

網路架設

24-1　網路概論

電腦是一個功能強大的工具，可以讓使用者快速的儲存並處理大量的資料。雖然如此，在引進網路之前，兩台電腦間的資料傳遞必須先將資料儲存在磁片上，再拿給另一台電腦讀取，將磁片上的資料載入該電腦裡面。若要將家住高雄的電腦資料傳送給屏東的表弟，那必須還要帶著儲存資料的磁片坐火車到屏東才能將資料傳給表弟，真是勞民傷財啊！

網路系統引進之後使用者不但更具生產力，還可以使用並處理透過網路共享的資料。此時，生活在網路世界的你就不用再為了要將資料傳送給遠方的表弟，而帶著儲存資料的磁片從高雄坐火車到屏東去。

所謂的網路，就是多台電腦透過網路線互相連接起來，好讓使用者之間分享資訊更容易。網路不只限於一個辦公室內的一群電腦，網路之間通常透過網際網路互相連接起來。網路的規模通常分成三類：區域網路 (LAN)、都會網路 (MAN) 與廣域網路 (WAN)。區域網路 (LAN, local area network) 是規模最小的網路，通常只是一個辦公室 (或一棟建築物) 內的網路，如圖 24-1 所示。

圖 24-1　區域網路

都會網路 (MAN, metropolitan area network) 是一個都市裡的所有區域網路之集合。舉例來說，我們可以將位在高雄的國立高雄科大、國立高雄大學與國立中山大學，三所學校內的區域網路互相連接起來，就是一個小型的都會網路，如圖 24-2 所示。

圖 24-2　都會網路

　　廣域網路 (WAN, wide area network) 是規模最大的網路。它可以連接無數個區域網路與都會網路，連接的範圍可橫跨都市、國家甚至到全球各地，如圖 24-3 所示。

圖 24-3　廣域網路

(圖片素材來源：Freepik)

　　了解網路的規模後，接著來談談網路上電腦彼此溝通的方式吧！網路上電腦彼此溝通的方式稱為通訊協定。就好像人們所用的語言一樣，每一種語言都有它的文法規則，大家必須遵循這套規則，才能順利用這個語言彼此溝通，所以說通訊協定就相當於在網路上溝通的共同語言。

　　資料通訊協定的內容相當複雜，而且有時不同電腦系統廠商的協定內容都不同。協定要決定的內容包括封包的大小、表頭的資訊、以及資料是如何放進封包之中。通訊的兩邊都必須認識這套規則彼此才能順利傳送資料，也就是說要彼此通訊的裝置必須同意使用一致的語言。若電腦裝置所用的通訊協定不同，它們就無法互通。

　　大多數的通訊協定其實都是由數個協定組合而成的，每個協定只負責溝通工作的特定部分。例如 TCP/IP 這組協定之中就包括了一個檔案傳輸協定、一個電子郵件及路由資訊協定等等。而在 LabVIEW 環境中除了上述的 TCP/IP 通訊協定外，尚有一種重要的通訊方式：稱為 DataSocket 連結。應用 DataSocket 技術可在近端擷取資料，並透過簡單的網路設定將擷取的資料傳送至遠端的電腦上，且不因通訊協定 TCP/IP、程式語言以及操作系統等功能與技術而受限。

DataSocket 之使用可分為兩大部分：

1. DataSocket 伺服端
2. DataSocket 客戶端

DataSocket 發布者與 DataSocket 客戶端間的資料傳輸，必須藉由 DataSocket 伺服器才可進行，如圖 24-4 所示，DataSocket 伺服器獲得發布者的資料，並接受客戶端與網頁瀏覽器的請求，進行資料傳送。

圖 24-4

24-2　資料傳輸 (DataSocket 之應用)

DataSocket 是一種可以簡單執行資料傳送與接收的技術。有了 DataSocket 的輔助，就可以不用設定通訊協定。只要有網路 (有線或無線) 便可做資料的傳送與接收。可以在兩台有安裝 LabVIEW 的電腦，或者一台安裝 LabVIEW、另一台安裝 LabVIEW Run-Time Engine，在這之間進行資料的傳輸。資料傳送之格式可以為 LabVIEW 人機介面中的任何元件。當 DataSocket 伺服器啟動後透過 LabVIEW 的程式設計，一個為 Write.vi(發布者)，另一個為 Read.vi(客戶端)，便可進行彼此間的資料傳送與接收。在後面的範例中，將可學會如何使用 LabVIEW 中的 DataSocket 進行資料傳輸。(以下範例於光碟中有詳盡的多媒體教學影片輔助說明。)

24-2.1　路徑

在開始介紹如何使用 LabVIEW 中的 DataSocket 來進行資料傳送與接收前，先去拜訪 DataSocket 的家吧！

在圖形程式區上按滑鼠右鍵，在跳出的函數面板上進入「Data Communication →
DataSocket」裡面找到 "DataSocket Write" 函數（傳送端），如圖 24-5 所示。
如圖 24-6 所示為 DataSocket Write 函數之接腳說明圖。

圖 24-5

圖 24-6　DataSocket Write 函數

　　DataSocket Write 是將資料傳送至 DataSocket Server 的函數。connection in 是 data 的
位址。data 是欲傳輸的資料，接收端只要輸入 data 的位址，便可讀取資料。

路徑**2** 在圖形程式區上按滑鼠右鍵，在跳出的函數面板上進入「Data Communication→ DataSocket」裡面找到 "DataSocket Read" 函數 (接收端)，如圖 24-7 所示。圖 24-8 為 DataSocket Read 函數之接腳說明圖。

圖 24-7

圖 24-8　DataSocket Read 函數

　　DataSocket Read 是接收傳送端傳送至 DataSocket Server 的資料之函數。connection in 是用來輸入欲讀取的資料位址，其位址必須與傳送端的資料位址 (connection in) 一 樣。data 是輸出 connection in 讀取到的資料。type(Variant) 是 data 的資料型態 (紫色)。

24-2.2　使用

現在，就來學習如何使用 DataSocket R/W 來進行遠端的資料傳送與接收。請如下步驟操作：

STEP 1 首先，在人機介面上配置一個字串控制元件，將其命名為"網址"，接著取出數值控制元件，將其命名為"Knob"，並配置兩個數值顯示元件，命名為"Thermometer"，如圖 24-9 的人機介面所示。此程式的功能是用來傳送我們所設定的數值。

圖 24-9

STEP 2 接著，在圖形程式區上按滑鼠右鍵，在跳出的函數面板上進入「Data Communication → DataSocket」裡取出 DataSocket Write，在圖形程式區上將字串控制元件"網址"連接至 DataSocket Write 函數的 connection in 接腳上，接著，再將數值控制元件"Knob"的輸出端連接至 DataSocket write 函數的 data 接腳上，其餘的元件則參考圖 24-9 的圖形程式區所示連接。最後，再呼叫 While Loop 以拖曳的方式將其包住。

STEP 3 在執行 DataSocket Write 程式之前，先從電腦桌面的工具列：「開始→程式集 → National Instruments」裡點選 DataSocket Server，如圖 24-10 所示。此乃表示啟動 DataSocket 伺服器，使遠端有安裝 LabVIEW 或有安裝 LabVIEW Run-Time Engine 的電腦能透過 LabVIEW 程式設計可以讀取到 DataSocket Write(傳送端) 傳送至 DataSocket 伺服器的資料。圖 24-11 為 DataSocket Server 的對話框。

圖 24-10

圖 24-11

STEP 4 在網址上輸入 dstp://10.169.11.86/ 傳送端，其中 10.169.11.86 為傳送端電腦的 IP 位址 (請參照所使用的電腦 IP 位址)。"傳送端" 則是副檔名為 .vi 的檔案 名稱 (可自訂)，檔名的設定是為了使接收端能準確的接收傳送端所要傳送的 資料。如圖 24-12 所示，先將 "Thermometer" 數值顯示元件透過 "Knob" 數 值控制元件將欲傳送的數值資料調至 26.0341℃。之後在遠端的電腦上再設計 一個相對應的數值顯示元件來接收傳送端的數值資料，利用 LabVIEW 中的 DataSocket 來進行資料的傳送與接收，即可完成。

圖 24-12

注意事項

查看自己電腦 IP 的方法(Windows 7/8/10)

1. Windows 視窗畫面中點選工具列的開始選單，再輸入 cmd 後進入到命令提
   示字元，如圖 24-13 所示。

圖 24-13

2. 輸入 ipconfig 按 Enter。

3. 查看到有一行名為 IPv4 位址，那就是使用者電腦的 IP 位址，如圖 24-14 所示。

圖 24-14

STEP 5 在使用 LabVIEW 設計一個 DataSocket Read(接收端) 來讀取 DataSocket Write(傳送端) 所傳送的數值資料 26.0341 ℃ 前，先去拜訪 Variant To Data 的家吧！因為 Variant To Data 可以將 DataSocket 函數上的 Data 接腳 (紫色) 轉成可連接至數值元件上的接腳 (橘色)。

STEP 6 可以在圖形程式區上按滑鼠右鍵，在跳出的函數面板上進入「Programming → Cluster, Class, & Variant → Variant」裡面找到 "Variant To Data" 函數，如圖 24-15 所示。圖 24-16 為 Variant To Data 函數之接腳說明圖。

圖 24-15

圖 24-16　Variant To Data 函數

Variant To Data 是將接收端從 DataSocket Server 所接收的資料型態 (紫色) 轉為數值資料 (褐色) 的函數。將 DataSocket Read 的 data (紫色) 接腳連接至 Variant To Data 的 Variant 接腳上，Variant To Data 函數便可將 Variant 的資料型態轉成數值資料型態，data 是資料的輸出端。

STEP 7 現在，就來撰寫一個 DataSocket Read (接收端) 的程式。首先，在人機介面上配置一個字串控制元件，將其命名為 "網址" ，再取出二個數值顯示元件，命名為 "Thermometer" ，如圖 24-17 的人機介面所示。此程式是用來接收傳送端的數值並顯示，因此並不需要數值控制元件 "Knob" 。

圖 24-17

STEP 8 接著，在圖形程式區上按滑鼠右鍵，在跳出的函數面板上進入「Data Communications → DataSocket」裡面取出 DataSocket Read 函數，使字串元件 "網址" 與 DataSocket Read 函數的 connection 接腳連接，再從函數面板上進入「Connectivity → ActiveX」裡面取出 Variant To Data，將其 Variant 接腳 (紫色) 與 DataSocket Read 的 Data 接腳 (紫色) 串接，再將數值顯示元件與 Variant To Data 的 Data 接腳 (橘色) 連接，最後再呼叫 While Loop 以拖曳的方式將其包住，如圖 24-17 圖形程式區所示。

最後，在接收端的字串控制元件"網址"上輸入"dstp://10.169.11.86/傳送端"後，點選執行鍵，則數值顯示元件會接收到 DataSocket 伺服器上傳來的數值資料 26.0341℃，如圖 24-18 所示。可以改變傳送端的資料，再觀看接收端的資料是否會因而改變。

圖 24-18

Google Maps
簡易應用

25-1　Google Maps 介紹

　　Google Maps 於 2005 年於 Google 首次亮相，起初地圖範圍只有美國、英國及加拿大，如圖 25-1 所示為 Google Maps 的 logo。迄今，Google Maps 範圍已擴及全球，並成為全球最受歡迎的導航系統之一。Google Maps 能有如今的規模，歸功於 Google 公司的努力及其新穎的 AI 演算法。Google 公司的街景車已將全球跑過一遍，甚至每隔幾年就重新更新，使得地圖上面的街景不至於過時，導致用路人迷航。Google Maps 所使用的 AI 演算法較強於其他導航，能夠精準定位並且快速計算出最短路徑。

圖 25-1　Google Maps 圖示

　　除去最短路徑外，Google Maps 更可以自訂多個地點及使用的交通工具，透過演算法立即計算出該工具最適合的路徑，如果使用者選擇走路方式，Google Maps 還會顯示各個大眾運輸的時間表。雖然 Google Maps 擁有許多優點，但仍然有些地區，因過於偏遠導致收訊差，使得 Google Maps 無法發揮正常作用，新聞上也有看過 Google Maps 將人導航進死路的的案例。

25-2　LabVIEW 與 Google Maps

　　Google Maps 除了在網頁及行動裝置上使用外，也可透過 API Key 使用於各個程式及網頁上使用。API 全名為 Application Programming Interface，API Key 主要功用為一個標識符，透過該標識符可認證身分，並從其他程式取得資料。不過在第三方程式使用 Google Maps 需付費才可使用。目前 Google 公司有提供一個月免費使用，讓開發者來做測試。

　　NI 官網有 Google Maps 的範例程式，本書光碟將會附上範例，如光碟遺失也可透過以下網址下載：https://forums.ni.com/t5/Example-Code/Google-Maps-in-LabVIEW/ta-p/3512488?profile.language=zh-TW，或是於 Google 上搜尋 LabVIEW Google Maps 點選官網便可。本章節將採用範例程式來做示範及教學，透過範例程式以期了解如何在 LabVIEW 上使用 Google Maps。

STEP 1　在瀏覽器上搜尋 google cloud platform，點擊第一個搜尋結果，如圖 25-2 所示。

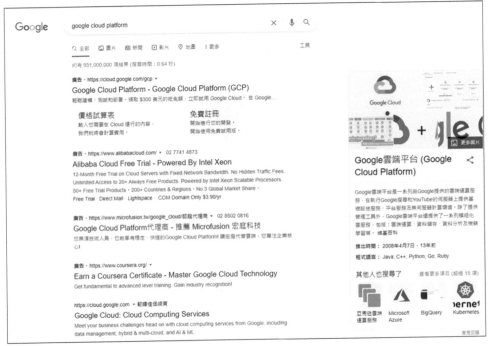

圖 25-2　Google 網頁搜尋

STEP 2 點擊網頁右上角控制台,如圖 25-3 所示。接著按照圖 25-4 步驟點擊建立專案。
完成後如圖 25-5 所示,專案名稱請自行修改,點擊建立便可完成建立專案。

圖 25-3 Google Cloud Platform 首頁

圖 25-4 建立專案步驟圖

圖 25-5　建立專案圖

STEP 3　回到 Google Cloud Platform 首頁，按照圖 25-6 的步驟進入憑證頁面。進入憑證頁面後，點擊建立憑證，如圖 25-7 所示。建立完成後，如圖 25-8 所示，黑色部分為 API 金鑰。請將 API 金鑰保存妥善，且不要外流，程式內將會使用到該 API 金鑰。

圖 25-6　進入憑證介面步驟圖

圖 25-7　建立 API 金鑰圖

圖 25-8　API 金鑰建立完成圖

STEP 4 回到 Google Cloud Platform 首頁，按照圖 25-9 的步驟打開程式庫頁面。接著選擇 Maps Static API，如圖 25-10 所示。接著按下啟用 API 即可，如圖 25-11 所示。啟用後可以看到已啟用的 API，如圖 25-12 所示。

圖 25-9　啟用程式步驟圖

圖 25-10　程式庫選擇圖

圖 25-11　啟用 API 圖

圖 25-12　啟用成功圖

STEP 5　將光碟中資料夾 Attachments from Google Maps in LabVIEW 打開，如圖 25-13
所示。接著打開下一個資料夾 Google Maps_LV2012_NI Verified，如圖 25-14
所示。最後將 Google Static Maps API_LV2012 該名稱的 VI 檔打開，如圖 25-15
所示。VI 檔打開後畫面，如圖 25-16 所示。

圖 25-13　資料路徑圖

本機 > HV620S (H:) > LABVIEW-GOOGLE MAP > Attachments from Google Maps in LabVIEW >

名稱	修改日期	類型	大小
Google Maps_LV2012_NI Verified	2021/6/25 下午 04:44	檔案資料夾	
V8	2009/11/10 下午 01:42	檔案資料夾	
V2009	2009/11/10 下午 01:42	檔案資料夾	

圖 25-14　資料路徑圖

圖 25-15　VI 路徑圖

圖 25-16　程式圖

STEP ⑥ 在圖形程式區中找到 Google Maps API Key 的字串，將複製來的 API 金鑰輸入至字串內便可，如圖 25-17 所示。

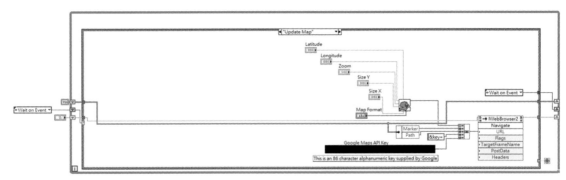

圖 25-17　程式圖

STEP 7 啟動程式後，將經緯度輸入 Latitude 及 Longitude 的數值輸入便可移動到該地區的地圖，如圖 25-18 所示。

圖 25-18　人機介面圖

STEP 8 點擊 Add Marker，在彈出的視窗填入新增標記點的經緯度，透過瀏覽器打開 Google Maps，並對想要找尋的地點點擊滑鼠右鍵便會出現經緯度，直接點擊 經緯度便可複製，如圖 25-19(a) 所示。選擇 Size、Color 和 Character 如圖 25-19(b) 及 25-19(c) 所示。接著按下 Add Marker，並選擇 NO 便可新增標記點，如圖 25-20 所示。

(a) Google Maps 地圖

(b) 未填入數值程式圖

(c) 已填入數值程式圖

圖 25-19

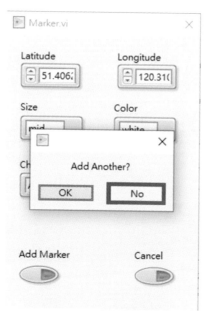

圖 25-20　程式選擇圖

STEP 9 完成新增標記點後，地圖上面將會新增一個 A 標記點，如圖 25-21 所示，如此便完成 Google Maps 的簡易應用。

圖 25-21　人機介面圖

LabVIEW NXG

26-1 LabVIEW NXG 介紹

為了因應 5G 連線速度以及網路高容量導致世界上工業遠端監控的需求也大幅增加，NI 國家儀器公司於 2017 年開發了 LabVIEW NXG。LabVIEW NXG 除了具有原本 LabVIEW 方便開發的特性，更強化了遠端監控的功能，使人們可以更加輕鬆且隨時隨地的透過網頁來遠端監控工廠產線以及設備運轉的狀態。LabVIEW NXG 能夠輕鬆的將人機介面放置於網頁上，除此之外更可以輕鬆的抓取別的網頁的資料例如 Google Map 等，使得開發遠端監控更加方便且簡易。

26-2 LabVIEW NXG 安裝步驟

STEP 1 進入 NI 官網 (http://www.ni.com/zh-tw.html)，如圖 26-1 所示。

圖 26-1　NI 官網

STEP ② 點選 NI 軟體產品，如圖 26-2 所示。

圖 26-2　NI 支援

STEP ③ 點選 LabVIEW NXG 進到下一個網頁，如圖 26-3 所示。

圖 26-3　選擇下載軟體

STEP ④ 選擇版本及是否下載驅動軟體，完成後點選下載，如圖 26-4 所示。

圖 26-4　軟體下載版本選擇

STEP ⑤ 下載完成後點擊下載檔案進行安裝，如圖 26-5 所示。

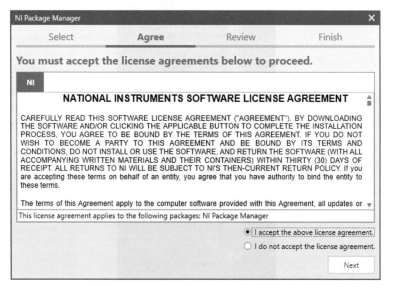

圖 26-5　安裝程式

STEP 6 選擇安裝程式及驅動 (除了 FPGA 以外其他全勾選)，如圖 26-6 所示。

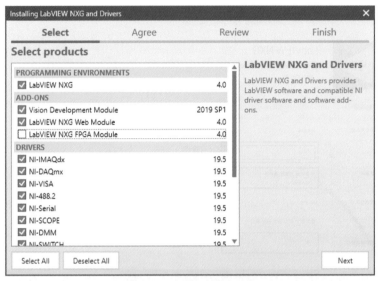

圖 26-6　程式安裝選擇

STEP 7 安裝完成後可在 Windows 開始介面開啟 LabVIEW NXG，如圖 26-7 所示。

圖 26-7　Windows 開始介面

26-3　LabVIEW NXG Web 簡易程式設計

開啟 LabVIEW NXG 後可看到專案建立畫面，如圖 26-8 所示。打開 VI Project 可看到人機介面 (Panel)，如圖 26-9 所示。點擊中間的圖形程式區 (Diagram) 可開啟圖形程式區，如圖 26-10 所示。

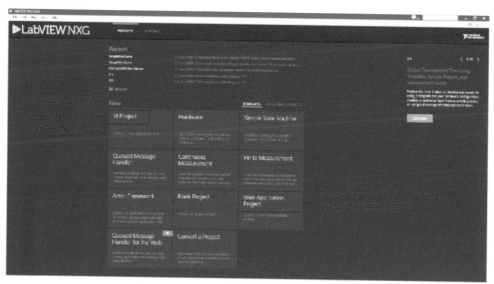

圖 26-8　LabVIEW NXG 專案建立畫面

圖 26-9　NXG 人機介面 (Panel)

圖 26-10　NXG 圖形程式區 (Diagram)

26-3.1　網路伺服器設定

網頁設計開始前，需先更改網路設定及防火牆設定，讓電腦與網頁之間的通訊不受到任何阻礙。

STEP 1 打開 Windows 搜尋輸入 NI Web，找到 NI Web Server Configuration，如圖 26-11 所示。

圖 26-11　Windows 搜尋畫面

STEP 2 選擇 Simple local access 並點選 Next，如圖 26-12 所示。

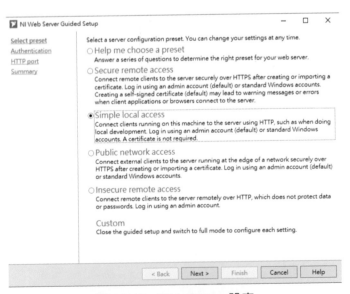

圖 26-12　Web Server 設定

STEP 3　設定密碼後點選 Next，如圖 26-13 所示。

圖 26-13　密碼設定

STEP 4　設定網路窗口後，點選 Next，如圖 26-14 所示。

圖 26-14　網路窗口設定

STEP 5 確定 Web Server 設定後，點選 Finish，如圖 26-15 所示。

圖 26-15　Web Server 設定

STEP 6 開啟 NI Web Server Configuration 進行個人電腦 IP 設定，如圖 26-16 所示。

圖 26-16　個人電腦 IP 設定

STEP 7 設定完成後可看到 Running server URI 已變更為個人的 IP 窗口，如圖 26-17 所示。

圖 26-17　NI Web Server Configuration 設定完成圖

註 設定完成後若無法通訊，請將 Windows 防火牆關閉。如關閉防火牆依舊無法解決問題，請聯繫網路服務單位。筆者在學校實際操作時也曾因學校外網無法連入需聯繫電算中心開啟網路端口，如此才能使筆者電腦網路端口與外網做連接。

26-3.2　程式設計

STEP 1 開啟 NXG 並建立 Web Application Project，如圖 26-18 所示。

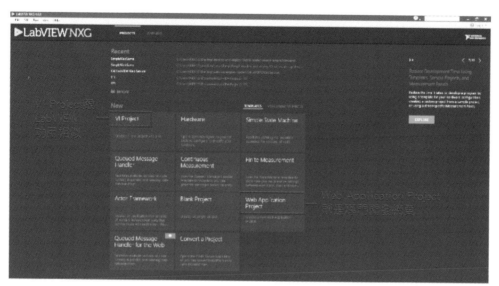

圖 26-18　建立專案圖

STEP 2 在 NXG 圖形程式區 Numeric 中取出乘號 (Multiply)、四捨五入 (Round to Nearest) 及亂數 (Random Number) 元件，如圖 26-19 所示。

(a) 數值元件路徑

(b) 程式畫面

圖 26-19

STEP 3 對乘號元件點一下滑鼠左鍵，在 input 0 輸入常數 10，並將亂數元件接在 input 1 點，乘號輸出端點接至四捨五入元件左邊端點，如圖 26-20 所示。

(a) 常數建立

(b) 程式畫面

圖 26-20

STEP 4 在 NXG 圖形程式區的 Comparison 中取出 Equal? 元件，並將四捨五入元件輸出端接至 Equal? 元件 x 端點，如圖 26-21 所示。

(a) Equal? 元件路徑圖　　　　　　　　　　(b) 程式畫面

圖 26-21

STEP 5 對著 Equal? 元件 y 端點及輸出端點擊滑鼠右鍵，分別建立一個數值控制元件和一個顯示元件，如圖 26-22 所示。

(a) 建立控制元件及顯示元件　　　　　　(b) 程式畫面

圖 26-22

STEP 6 在圖形程式區取出的元件不會在 LabVIEW NXG 的人機介面上自動顯示，因此必須在人機介面上點擊左邊 Unplaced Items 元件列來取出相對應的人機介面元件，如圖 26-23 所示。

(a) 人機介面元件取出路徑   (b) 人機介面圖

圖 26-23

STEP 7 在人機介面點擊左邊元件列從 Numeric 中取出數值顯示元件，如圖 26-24 所示。

(a) 數值顯示元件路徑圖   (b) 人機介面圖

圖 26-24

STEP 8 回到圖形程式區，將人機介面取出的數值顯示元件接在四捨五入輸出端點，如圖 26-25 所示。

(a) 數值顯示元件　　　　　　　　　　　　　　　(b) 程式畫面

圖 26-25

STEP 9 在圖形程式區 Program Flow 中取出 While Loop 並將所有元件包裹在內，如圖 26-26 所示。

(a) While Loop 元件路徑　　　　　　　　　　　　(b) 程式畫面

圖 26-26

STEP 10 將元件連接完成後即可完成亂數比大小的程式，如圖 26-27 所示。

(a) 人機介面

(b) 圖形程式區

圖 26-27

STEP 11 程式設計完成後，便可將程式轉化成網頁。因此，需要在左邊的檔案列表點選 System Designer 進入頁面，如圖 26-28 所示。

(a) 檔案列表

(b) 程式畫面

圖 26-28

STEP 12　對著 WebApp.gcomp 點擊滑鼠右鍵後再點擊 Build 將檔案建立成網頁，如圖 26-29 所示。

圖 26-29　建立網頁

STEP 13　網頁建立後，視窗的下方會出現完成建立的表單。對著 Complete 處點擊滑鼠右鍵後再點擊 Locate item in Windows Explorer 來打開資料夾，如圖 26-30 所示。

圖 26-30　資料夾路徑

STEP ⑭ 打開資料夾後會看到一個資料夾以及三個檔案。接著在 C:\Program Files\
National Instruments\Shared\Web Server\htdocs 資料夾中建立一個新資料夾命名
為 "Web"，並將上面的所有檔案放入 Web 資料夾，如圖 26-31 所示。

(a) 資料夾檔案

(b) 資料夾檔案

圖 26-31

STEP ⑮ 將上述所有步驟完成後即可打開網頁，網頁名稱為 http://(個人電腦 IP 位址 : 網
路端口)/(於 htdocs 內所建立的資料夾名稱)/(html 檔案名稱)。因此，在此設立
的網址會是 http://192.168.50.98:8080/Web/123456.html，將網址輸入瀏覽器內 (任
何瀏覽器皆可，包含手機瀏覽器)，如圖 26-32 所示。成功打開網頁後就大功告
成。學習者可以透過以上的教學步驟去自行延伸將各種範例製作成網頁。

圖 26-32 網頁開啟

國家圖書館出版品預行編目資料

LabVIEW 程式設計(含 LabVIEW NXG 軟體操作) / 陳
瓊興編著. -- 二版. -- 新北市：全華圖書股份
有限公司, 2021.09
　　面；　公分
ISBN 978-986-503-886-1(平裝附數位影音光碟)

1.LabVIEW(電腦程式) 2.量度儀器

331.7029　　　　　　　　　　　　110015052

LabVIEW 程式設計(含 LabVIEW NXG 軟體操作)

作者 / 陳瓊興

發行人 / 陳本源

執行編輯 / 張繼元

封面設計 / 楊昭琅

出版者 / 全華圖書股份有限公司

郵政帳號 / 0100836-1 號

印刷者 / 宏懋打字印刷股份有限公司

圖書編號 / 06444017

二版一刷 / 2021 年 09 月

定價 / 新台幣 470 元

ISBN / 978-986-503-886-1

全華圖書 / www.chwa.com.tw

全華網路書店 Open Tech / www.opentech.com.tw

若您對本書有任何問題，歡迎來信指導 book@chwa.com.tw

臺北總公司(北區營業處)
地址：23671 新北市土城區忠義路 21 號
電話：(02) 2262-5666
傳真：(02) 6637-3695、6637-3696

南區營業處
地址：80769 高雄市三民區應安街 12 號
電話：(07) 381-1377
傳真：(07) 862-5562

中區營業處
地址：40256 臺中市南區樹義一巷 26 號
電話：(04) 2261-8485
傳真：(04) 3600-9806(高中職)
　　　(04) 3601-8600(大專)

歡迎加入 全華會員

● 會員獨享
　會員享購書折扣、紅利積點、生日禮金、不定期優惠活動…等。

● 如何加入會員
　掃 QRcode 或填妥讀者回函卡直接傳真 (02) 2262-0900 或寄回，將由專人協助登入會員資料，待收到 E-MAIL 通知後即可成為會員。

如何購書 全華書籍

1. 網路購書
　全華網路書店「http://www.opentech.com.tw」，加入會員購書更便利，並享有紅利積點回饋等各式優惠。

2. 實體門市
　歡迎至全華門市（新北市土城區忠義路 21 號）或各大書局選購。

3. 來電訂購
　(1) 訂購專線：(02) 2262-5666 轉 321-324
　(2) 傳真專線：(02) 6637-3696
　(3) 郵局劃撥（帳號：0100836-1　戶名：全華圖書股份有限公司）
　※ 購書未滿 990 元者，酌收運費 80 元。

OpenTech 全華網路書店 .com.tw

全華網路書店 www.opentech.com.tw
E-mail: service@chwa.com.tw

※ 本會員制如有變更則以最新修訂制度為準，造成不便請見諒。

讀者回函卡

掃 QRcode 線上填寫 ▶▶▶

姓名：＿＿＿＿＿＿＿　生日：西元＿＿＿＿年＿＿＿月＿＿＿日　性別：□男 □女

電話：（　　　）＿＿＿＿＿＿　手機：＿＿＿＿＿＿＿＿＿＿＿＿

e-mail：＿＿＿＿＿＿＿＿＿（必填）

註：數字零，請用 Φ 表示，數字 1 與英文 L 請另註明並書寫端正，謝謝。

通訊處：□□□□□

學歷：□高中・職　□專科　□大學　□碩士　□博士

職業：□工程師　□教師　□學生　□軍・公　□其他

學校／公司：＿＿＿＿＿＿＿＿　科系／部門：＿＿＿＿＿＿＿＿

· 需求書類：

□ A. 電子 □ B. 電機 □ C. 資訊 □ D. 機械 □ E. 汽車 □ F. 工管 □ G. 土木 □ H. 化工 □ I. 設計

□ J. 商管 □ K. 日文 □ L. 美容 □ M. 休閒 □ N. 餐飲 □ O. 其他

· 本次購買圖書為：＿＿＿＿＿＿＿＿＿＿＿　書號：＿＿＿＿＿

· 您對本書的評價：

封面設計：□非常滿意　□滿意　□尚可　□需改善，請說明＿＿＿＿＿

內容表達：□非常滿意　□滿意　□尚可　□需改善，請說明＿＿＿＿＿

版面編排：□非常滿意　□滿意　□尚可　□需改善，請說明＿＿＿＿＿

印刷品質：□非常滿意　□滿意　□尚可　□需改善，請說明＿＿＿＿＿

書籍定價：□非常滿意　□滿意　□尚可　□需改善，請說明＿＿＿＿＿

整體評價：請說明＿＿＿＿＿＿＿＿＿＿＿＿＿＿＿＿＿＿＿＿＿

· 您在何處購買本書？

□書局　□網路書店　□書展　□團購　□其他

· 您購買本書的原因？（可複選）

□個人需要　□公司採購　□親友推薦　□老師指定用書　□其他

· 您希望全華以何種方式提供出版訊息及特惠活動？

□電子報　□DM　□廣告（媒體名稱＿＿＿＿＿＿＿＿＿＿）

· 您是否上過全華網路書店？（www.opentech.com.tw）

□是　□否　您的建議＿＿＿＿＿＿＿＿＿＿＿＿＿＿＿

· 您希望全華出版哪方面書籍？＿＿＿＿＿＿＿＿＿＿＿

· 您希望全華加強哪些服務？＿＿＿＿＿＿＿＿＿＿＿

感謝您提供寶貴意見，全華將秉持服務的熱忱，出版更多好書，以饗讀者。

填寫日期：　／　／

2020.09 修訂

親愛的讀者：

感謝您對全華圖書的支持與愛護，雖然我們很慎重的處理每一本書，但恐仍有疏漏之處，若您發現本書有任何錯誤，請填寫於勘誤表內寄回，我們將於再版時修正，您的批評與指教是我們進步的原動力，謝謝！

全華圖書　敬上

勘　誤　表

書　號	頁　數	行　數	書　名	作　者
			錯誤或不當之詞句	建議修改之詞句

我有話要說：（其它之批評與建議，如封面、編排、內容、印刷品質等‧‧‧‧‧‧）